| Computer & Office | Multimedia | Hobby | Haus & Garten | Werkzeug | Bauelemente | Energie | Auto |

222 x Fachwissen & Know-how

Technikwissen

Band 1

1 PMR-Funkgeräte

PMR-Funkgeräte sind genehmigungsfrei und können von jedermann erworben und betrieben werden. Für sie sind acht Kanäle im Frequenzbereich von 446,00625 bis 446,09375 MHz koordiniert. Die maximal zulässige Sendeleistung beträgt 500 mW. Die Bedienung der kompakten Handsprechfunkgeräte beschränkt sich im Wesentlichen auf die Kanalauswahl, die Lautstärkeregelung und die Sprechtaste.

Je nach Topografie lassen sich mit den Geräten 5 bis 10 km überbrücken. Damit empfehlen sie sich für zahlreiche Anwendungen in Hobby und Freizeit – etwa für Wettrennen, um die Verbindung zwischen Start, Ziel und Streckenposten aufrechtzuerhalten, oder für eine Radtour mit Freunden, um auch mit Nachzüglern in Kontakt zu bleiben.

Da PMR-Funkgeräte in vielen europäischen Ländern erlaubt sind, bieten sie sich auch als Alternative zum Handy an. Ist man mit mehreren Fahrzeugen unterwegs, kann man untereinander zum Nulltarif auch über mehrere Kilometer in Verbindung bleiben.

Webcode: #33078

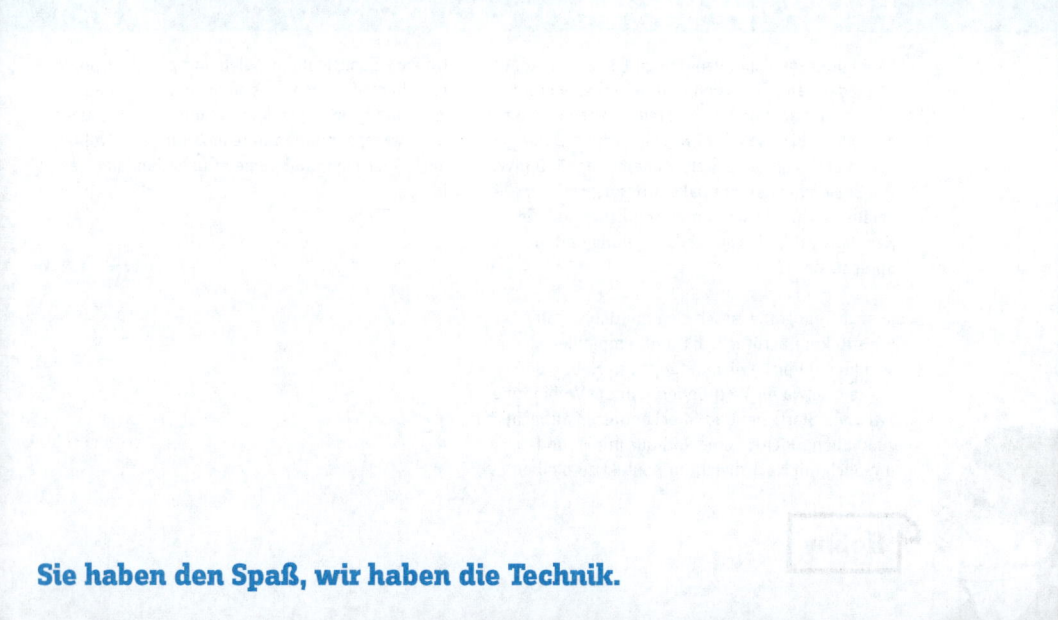

2 FM-Transmitter bringen MP3 ins Autoradio

Längst nicht jedes Autoradio hat einen freien Aux-Eingang oder erlaubt das Andocken von USB-Sticks oder Speicherkarten. Auf dem MP3-Player gespeicherte Musik lässt sich dennoch bequem aufs Autoradio bringen. Alles was man dazu braucht, ist ein FM-Transmitter – ein kleiner UKW-Sender mit geringer Reichweite.

Er ist bewilligungsfrei und darf von jedermann betrieben werden. FM-Transmitter werden entweder über einzulegende Batterien mit Strom versorgt oder in den Zigarettenanzünder gesteckt. Sie haben eine USB-Buchse, an die der MP3-Player angedockt wird. Verschiedene Modelle verfügen zudem über einen SD-Speicherkartenslot.

Über ihn spielt der Minisender direkt auf SD-Karten gespeicherte Musik ab und strahlt sie aus.

Am FM-Transmitter wird die Sendefrequenz eingestellt, auf der die Übertragung erfolgen soll. Dazu wird eine freie Frequenz ausgewählt, auf der man mit dem Autoradio bei noch ausgeschaltetem Transmitter nichts hören kann. FM-Transmitter haben eine Reichweite von rund 3 bis 10 m, die daher ausreicht, um bequem von der Fahrgastzelle aus die Autoradioantenne zu erreichen.

Webcode: #15066

Sie haben den Spaß, wir haben die Technik.

3 Energiesparlampe kontra Glühlampe

Eine klassische Glühlampe wandelt nur rund 4 % der von ihr aufgenommenen Leistung in Licht um. Die restlichen 96 % werden als Wärme abgestrahlt. Eine Energiesparlampe wandelt immerhin 20 % der zugeführten elektrischen Energie in Licht um. Sie benötigt damit nur ein Fünftel der elektrischen Energie, um die gleiche Lichtmenge wie eine alte Glühlampe abzustrahlen. Das sich daraus ergebende Einsparungspotenzial im Haushalt ist enorm. Wie sehr sich die Stromkosten allein durch das Auswechseln der Glühlampen reduzieren lassen, zeigt das folgende Beispiel:

Eine 100-W-Glühlampe brennt pro Tag 3 Stunden. Pro Jahr verbraucht sie 109,5 kWh und verursacht bei einem angenommenen kWh-Preis von 23 Cent Stromkosten von 25,19 Euro.

Eine genauso helle 20-W-Energiesparlampe verbraucht bei 3 Stunden täglicher Betriebsdauer 21,9 kWh, die mit 5,04 Euro zu Buche schlagen – Einsparung: 20,15 Euro.

20-W-Energiesparlampen finden Sie bei Conrad ab 4,95 Euro. Sie hat sich bereits nach drei Monaten amortisiert.

Haus & Garten

Sie haben den Spaß, wir haben die Technik.

4 Widerstands-Farbcode

Widerstände zählen zu den grundlegenden Bauteilen einer jeden Elektronikschaltung. Ihr Widerstandswert ist auf den kleinen Gehäusen nicht als Text, sondern mit einem Farbcode kenntlich gemacht. Meist kommt ein Code mit vier Ringen zum Einsatz. Drei sind an einem Ende angeordnet, der vierte abgesetzt am anderen. Liegt der Widerstand so vor uns, dass die drei Farbringe an der linken Seite sind, wird der Farbcode von links nach rechts gelesen. Die beiden ersten Ringe geben die beiden ersten Ziffernwerte an, der dritte Ring legt den Multiplikationsfaktor fest. Damit ist der Widerstandswert festgelegt. Der vierte Ring gibt die Toleranz an, in der sich der tatsächliche Widerstand des Bauteils bewegt.

Beispiel:
Widerstandsfarben: Gelb, Violett, Braun

Gelb steht für 4, Violett für 7, daraus ergibt sich 47. Entsprechend dem Multiplikationsfaktor 10, gekennzeichnet durch den braunen Ring, sind die 47 mit 10 zu multiplizieren – ergibt: 470 Ω.

Farbe		Ring 1 1. Ziffer	Ring 2 2. Ziffer	Ring 3 Multiplikator	Ring 4 Toleranz
	Schwarz		0	1	
	Braun	1	1	10	1%
	Rot	2	2	100	2%
	Orange	3	3	1.000	
	Gelb	4	4	10.000	
	Grün	5	5	100.000	0,5%
	Blau	6	6	1.000.000	
	Violett	7	7	10.000.000	
	Grau	8	8		
	Weiß	9	9		
	Gold			0,1	5%
	Silber			0,01	10%

Bauelemente

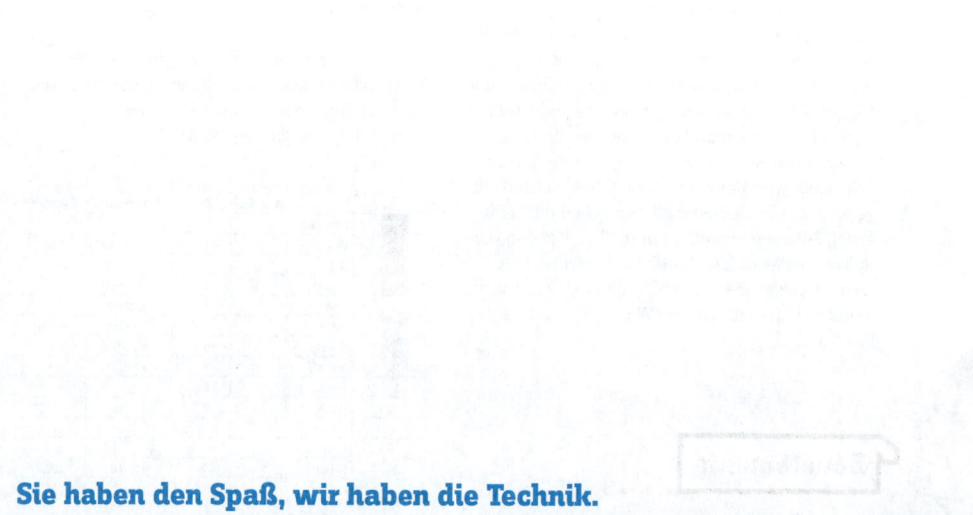
Sie haben den Spaß, wir haben die Technik.

5 PC-Festplatte partitionieren

In modernen Computern sind sehr große Festplatten mit einer Speicherkapazität von 1 TByte keine Seltenheit. In der Regel werden sie nur mit einer einzigen Partition ausgeliefert. Sinnvoller ist es, auf einer Festplatte mindestens zwei Partitionen einzurichten, die der PC als zwei separate Laufwerke erkennt.

Der große Vorteil: Systemdateien, wie das Betriebssystem und installierte Programme, werden in einer eigenen Partition gespeichert. Alle anderen Dokumente, MP3-Musik, Videos etc., werden auf der zweiten Partition archiviert.

Damit gehen Sie auf Nummer sicher. Nach einer Neuinstallation des Betriebssystems oder dem Zurückspielen eines Backups bleiben alle persönlichen Daten weiter erhalten, da die für sie genutzte zweite Partition unberührt bleibt. Zur Partitionierung der Festplatte benötigen Sie eine auch für den PC-Anwender leicht zu bedienende Software wie etwa den Acronis Disk Director oder den Paragon Partition Manager. Beide erhalten Sie selbstverständlich bei Conrad.

Festplatten

WindowsXP (C:)	Lokaler Datenträger	40,0 GB
ABLAGE (D:)	Lokaler Datenträger	400 GB

Eine Festplatte mit zwei eingerichteten Partitionen wird vom PC als zwei Laufwerke, hier C: und D:, erkannt.

Computer & Office

Sie haben den Spaß, wir haben die Technik.

6 Digitalfotos und Filme richtig archivieren

Früher ließen sich Fotos und Filme leicht und über Jahrzehnte hinweg problemlos archivieren. Neben den ins Album eingeklebten Fotos hatte man ja auch noch die Filmnegative oder beim Schmalfilm die Filmrollen. Digitales Fotografieren und Filmen ist weitaus preiswerter und komfortabler. Fotos und Filmsequenzen werden von den Kameras auf Speicherkarte geschrieben und können bequem am PC oder TV-Gerät mit Speicherkartenschlitz angesehen werden.

Da man die Speicherkarte immer wieder verwenden möchte, werden Fotos und Filme einfach auf der PC-Festplatte gespeichert. Das ist zwar komfortabel, aber auch riskant.

Denn bei einem Festplattencrash gehen die Daten und somit unwiederbringliche Erinnerungen verloren. Deshalb empfiehlt es sich, Fotos und selbst gedrehte Videos zusätzlich auf einer zweiten, externen, Festplatte zu sichern. Damit bleiben die Daten in jedem Fall erhalten.

Die externe 1,5-TByte-Festplatte (Best.-Nr.: 41 34 25) bietet sich als Backup-Medium an, auf dem wichtige Dateien von der im PC eingebauten Festplatte, wie Digitalfotos und selbst gedrehte Videos, zusätzlich gesichert werden können.

Multimedia

Sie haben den Spaß, wir haben die Technik.

7 Welcher Lötkolben wofür?

Egal ob ein kleiner Lötkolben 8 W (Watt) oder ein großer 150 W aufnimmt, beide werden gleich warm. Neben der Temperatur ist die Wärmemenge entscheidend, die Lötkolben und Lötspitze abgeben können.

Feinlötkolben: Haben eine kompakte Bauweise, geringes Gewicht und nehmen etwa zwischen 8 und 25 W auf. Sie eignen sich besonders für feine bis mittelgroße Lötaufgaben im Elektronikbereich, wie das Löten empfindlicher elektronischer Bauteile.

Universallötkolben: Eignen sich besonders für Hobby und Handwerk und nehmen etwa 20 bis 40 W auf. Mit ihnen lassen sich auch noch verschiedene Arbeiten, die eigentlich einen Feinlötkolben erfordern würden, verrichten, was aber etwas Geschick und Übung erfordert. Er eignet sich besonders für kleinere Elektronikbasteleien und Reparaturen.

Standardlötkolben: Nehmen rund 50 bis 150 W auf und sind für den Hobbyelektroniker schon zu groß. Da sie wuchtige Lötspitzen besitzen und sehr viel Wärmeenergie abgeben, würden sie empfindliche Bauteile zerstören. Standardlötkolben werden beispielsweise zum Löten großer Kabelquerschnitte verwendet.

Werkstattlötkolben: Nehmen 200 bis 550 W auf und werden in der Blechbearbeitung oder bei Installationsarbeiten genutzt.

Feinlötkolben sind üblicherweise mit einer Bleistiftlötspitze ausgestattet.

Werkzeug

Webcode: #31129

Sie haben den Spaß, wir haben die Technik.

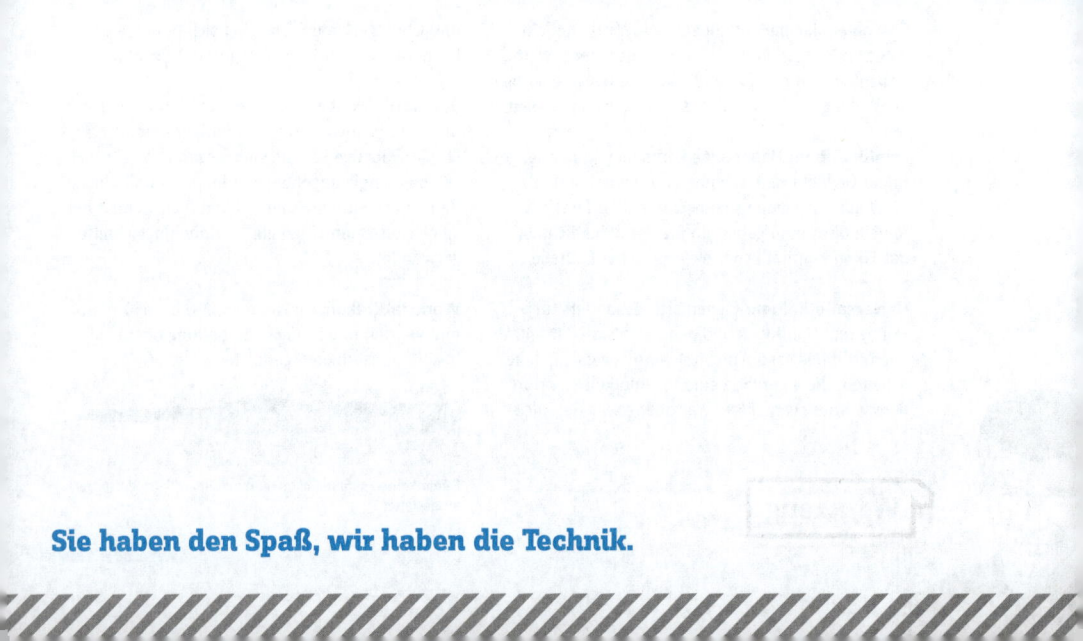

8 Modi einer RC-Fernsteuerung

Viele RC-Fernsteuerungen können in mehreren Modi betrieben werden oder lassen sich umbauen. Bis zu vier Modi sind möglich, wobei darunter die Belegung der einzelnen Funktionen der beiden Steuerknüppel gemeint ist. Die meisten Fernsteuerungen werden in Mode 1 oder Mode 2 ausgeliefert und können innerhalb der beiden Betriebsarten umprogrammiert oder umgebaut werden. Nur wenige RC-Fernsteuerungen unterstützen auch Mode 3 und/oder 4. Mode 2 wird am häufigsten genutzt. Mode 4 wird viel von Heli-Piloten genutzt, die zuvor mit Flächenflugzeugen geflogen sind.

Modi für RC-Hubschrauber im Detail					
Mode 1	Linker Steuerknüppel	auf/ab	Nick	seitwärts	Heck
	Rechter Steuerknüppel	auf/ab	Pitch	seitwärts	Roll
Mode 2	Linker Steuerknüppel	auf/ab	Pitch	seitwärts	Heck
	Rechter Steuerknüppel	auf/ab	Nick	seitwärts	Roll
Mode 3	Linker Steuerknüppel	auf/ab	Nick	seitwärts	Roll
	Rechter Steuerknüppel	auf/ab	Pitch	seitwärts	Heck
Mode 4	Linker Steuerknüppel	auf/ab	Pitch	seitwärts	Roll
	Rechter Steuerknüppel	auf/ab	Nick	seitwärts	Heck

Sie haben den Spaß, wir haben die Technik.

9 Batteriebezeichnungen

Dass es Akkus und Batterien in verschiedenen Größen gibt, ist allgemein bekannt, dass diese aber zusätzlich mehrere Bezeichnungen tragen, kann für Verwirrung sorgen. Neben Bezeichnungen, die die Größe kennzeichnen, gibt es auch solche, die auf die Batterietechnologie und somit indirekt auf ihre Leistungsfähigkeit hinweisen.

Die folgende Übersicht gibt Auskunft über die Bezeichnungen der verschiedenen Typen:

D-Bezeichnung	US-Bezeichnung	Zink-Kohle	Alkaline	Lithium
Lady	N	UM-5	LR03/AM-4	L92
Micro	AAA	R03/UM-4	LR6/AM-3	L91
Mignon	AA	R6/UM-3	LR14/AM-2	-
Baby	C	R14/UM-2	LR20/AM-1	-
Mono	D	R20/UM-1	E-Block/AM-6	-
9-V-Block	-	F22/E-Block	-	-
Spezial	AAAA	E96	LR61	-
4,5-V-Flach	-	1203	LR12/Flach	-

Webcode: #43013

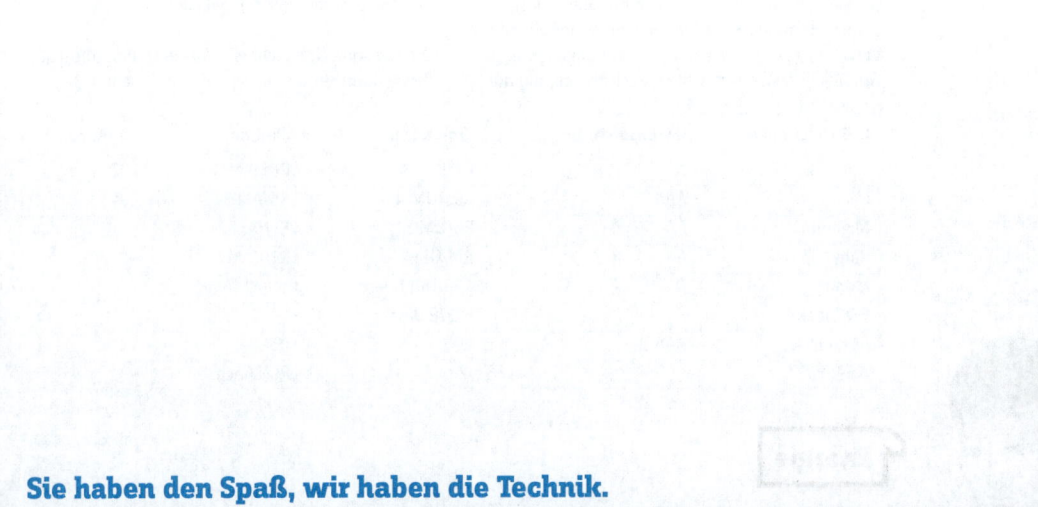

10 Digitale Pulsuhren

Sport und Bewegung sind gesund. Jedoch nur, wenn man beides mit Maß und Ziel durchführt und den Körper dabei nicht überlastet. Sport, egal ob joggen, Rad fahren oder irgendetwas anderes, soll schließlich auch Spaß machen und dazu beitragen, sich wohlzufühlen.

Hier helfen digitale Pulsuhren weiter. Es sind multifunktionelle Geräte, die wie eine Uhr aussehen. Sie informieren über den augenblicklichen Puls und geben bei zu hohem, aber auch zu niedrigem Puls ein Signal ab. Damit helfen sie, den idealen Trainingsrhythmus zu finden.

Viele Uhren haben zudem einen Schrittzähler eingebaut, über den man zurückgelegte Wegstrecken abfragen kann. Außerdem ermitteln sie je nach Modell auch den Kalorienverbrauch und bieten eine Stoppuhrfunktion.

PulsuhrSL388 von Conrad (Best.-Nr.: 86 01 95).

Webcode: #11015

Sie haben den Spaß, wir haben die Technik.

11 Autoradios werden multimedial

Autoradios beschränken sich längst nicht mehr darauf, einen Radiosender oder eine CD abzuspielen. Viele dieser Radios verstehen sich ebenfalls auf die Wiedergabe von MP3-CDs. Aktuelle Geräte sind mit zahlreichen digitalen Schnittstellen versehen. Über USB und/oder einen SD-Speicherkartenschlitz nehmen die Geräte auch MP3-Musikdateien entgegen, die sie abspielen können. Zu den weiteren Ausstattungskriterien zählt Bluetooth.

Es erlaubt kabelloses Telefonieren und die Wiedergabe von auf dem Handy gespeicherten Musikdateien. Größere Modelle geben zudem DVDs wieder. Über einen Videoausgang können zusätzliche Monitore angeschlossen werden, über die die Fahrgäste im Fond unterhalten werden können.

Webcode: #35067

Sie haben den Spaß, wir haben die Technik.

12 Strom sparen mit Funksteckdosen

Neue EU-Richtlinien schreiben vor, dass zum Beispiel Geräte der Unterhaltungselektronik im Standby nur noch extrem wenig Strom verbrauchen dürfen. Davon sind ältere Geräte, die aber durchaus noch einwandfrei funktionieren, mitunter meilenweit entfernt. Während brandneue Geräte meist deutlich unter 1 W im Bereitschaftsmodus verbrauchen, sind es bei alten mitunter über 10 W. Da sie zum Teil nicht einmal über einen Hauptschalter verfügen, verbrauchen sie fürs Nichtstun richtig viel Strom und Geld – und zwar bis deutlich über 18 Euro pro Jahr.

Hier sorgt eine Funksteckdose für Abhilfe. Sie ist in die Steckdose zu stecken. An ihr wird das Stromkabel des Verbrauchers angesteckt. Mittels Fernsteuerung wird so bequem und zuverlässig der Stromverbrauch nicht benötigter Geräte auf null gesenkt. Da man mit einer Funksteckdose auch mehrere Geräte, etwa TV, Videorekorder und Receiver, gemeinsam vollkommen vom Netz trennen kann, hat sich die Investition locker binnen eines Jahres amortisiert.

Webcode: #32035

Haus & Garten

Sie haben den Spaß, wir haben die Technik.

13 Die Spule

Spulen, sogenannte Induktivitäten, werden in der Einheit Henry (H) gemessen. Meist sind Spulen auch als solche ausgeführt und leicht von Ihnen zu erkennen. Sie könnten aber auch Widerständen zum Verwechseln ähneln, weil sie prinzipiell die gleiche Bauform haben. Sie sind allerdings mitunter etwas größer und, für Widerstände ungewöhnlich, in Grün eingefärbt. Induktivitäten nutzen gelegentlich den gleichen Farbcode, der auch bei Widerständen verwendet wird. Kleine Unterschiede gibt es jedoch beim Multiplikationsfaktor.

Farbe		Ring 1 1. Ziffer	Ring 2 2. Ziffer	Ring 3 Multiplikator	Ring 4 Toleranz
	Schwarz	0	0	*1 µH	
	Braun	1	1	*10 µH	
	Rot	2	2	*100 µH	
	Orange	3	3		
	Gelb	4	4		
	Grün	5	5		
	Blau	6	6		
	Violett	7	7		
	Grau	8	8		
	Weiß	9	9		
	Gold			*0,1 µH	5%
	Silber			*0,01 µH	10%

Farbcode für Induktivitäten gemäß IEC 62-1974.

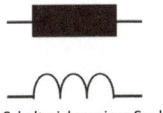

Schaltzeichen einer Spule.

Bauelemente

Sie haben den Spaß, wir haben die Technik.

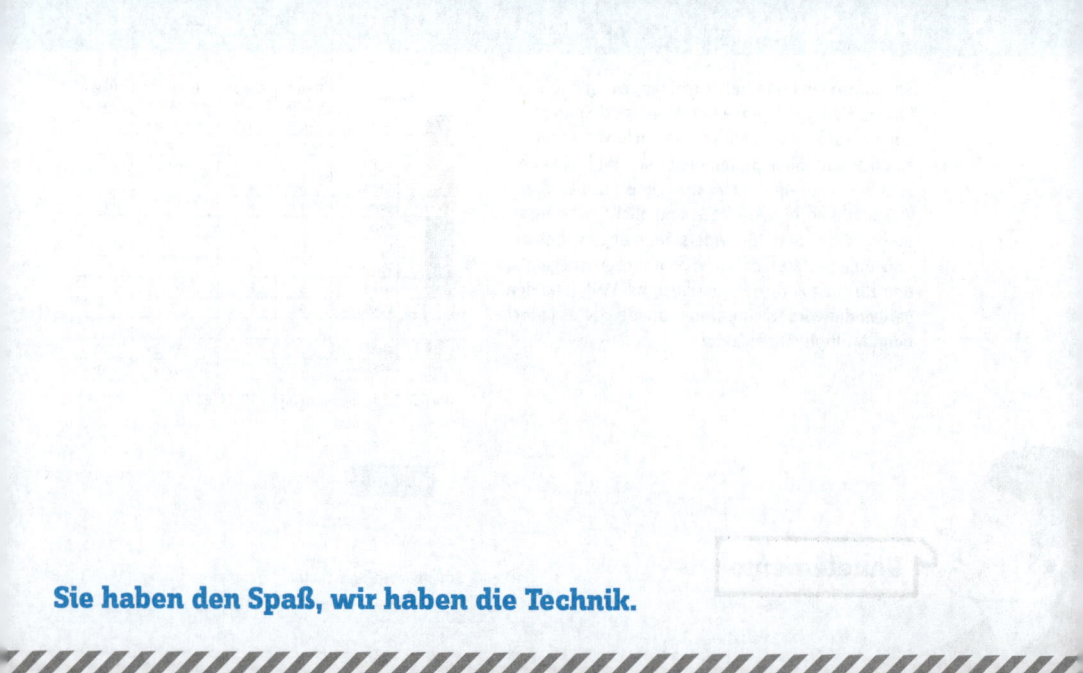

14 Geschwindigkeitsklassen bei Speicherkarten

Speicherkarten, zum Beispiel für digitale Fotoapparate oder Videokameras, unterscheiden sich nicht nur in ihrer Form und Speicherkapazität. Ein weiteres wichtiges, gern übersehenes Kriterium ist die sogenannte Transferrate. Sie gibt Aufschluss darüber, wie schnell Daten auf die Karte geschrieben werden können.

Vor allem HD-Videokameras, aber auch besonders hochauflösende Fotoapparate erfordern hohe Schreibgeschwindigkeiten. Bei einer zu langsamen Karte funktioniert beispielsweise die Serienbildaufnahme nur unzureichend, oder man muss lange warten, ehe man die nächste Aufnahme machen kann.

Zur leichteren Orientierung wurden Speicherkarten in mehrere Klassen eingeteilt. Sie sind auf den Karten in Form einer Zahl in einem fast vollständig geschlossenen Kreis angegeben. Diese gibt die minimale Schreibgeschwindigkeit der Karte an. Eine „2" steht beispielsweise für eine Schreibgeschwindigkeit von mindestens 2 MBit/s.

Klassen im Überblick	
Class 2	2 MBit/s
Class 4	4 MBit/s
Class 6	6 MBit/s
Class 10	10 MBit/s

Webcode: #46003

Computer & Office

Sie haben den Spaß, wir haben die Technik.

15 Ruhige Camcorderaufnahmen

Aktuelle Camcorder sind extrem klein und leicht und finden in beinahe jeder Jackentasche Platz. Damit sind sie zwar ideale Wegbegleiter, lassen sich aber kaum wirklich ruhig in der Hand halten, was sich besonders bei Zoomfahrten als nachteilig erweist. Der in den Kameras eingebaute Verwacklungsschutz vermag das Zittern der Hand nur teilweise zu eliminieren. Eine wirkungsvolle Abhilfe schafft ein kostengünstiges, kleines und leichtes Einbeinstativ. Es erfordert kein umständliches Aufstellen und Einrichten, sondern wird einfach an der Kamera befestigt, ausgezogen und auf den Boden gestellt. Man bleibt beweglich und bekommt trotzdem verwacklungsfreie Schwenks und Zoomfahrten in den Kasten. Einbeinstative empfehlen sich auch für Fotokameras, da sie bei langen Belichtungszeiten für sichtbar schärfere Bilder sorgen.

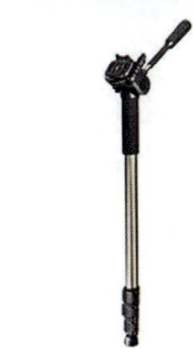

Einbeinstativ mit Videoneiger (Best.-Nr. 95 22 15).

Multimedia

Sie haben den Spaß, wir haben die Technik.

16 Was ist in der Wand versteckt?

Allein schon das Einschlagen eines Nagels oder das Bohren eines kleinen Lochs, etwa um ein Bild aufzuhängen, kann richtig spannend sein. Vor allem dann, wenn man nicht weiß, was in der Wand alles verborgen ist. Heizungsrohre sollten ebenso wenig angebohrt oder getroffen werden wie die Wasserinstallation oder Stromleitungen.

Mit Ortungsgeräten lässt sich schon im Vorfeld ermitteln, was alles in der Wand versteckt ist. Doch Achtung! Nicht jedes Ortungsgerät erkennt alles und bis zu jeder Tiefe. Die meisten Geräte orten Balken aus Holz und Metall. Auch das Auffinden spannungsführender Stromleitungen zählt zu ihren Standardfunktionen, wobei sie diese modellabhängig in bis zu 5 cm Tiefe erkennen.

Mit nicht spannungführenden Stromleitungen kommen indes längst nicht alle Ortungsgeräte klar. Modelle, die sich darauf verstehen, orten sie in rund 4 bis 5 cm Tiefe. Einzelne Geräte können zudem auch die Bohrtiefe ermitteln.

Mit einem Ortungsgerät lässt sich sicher vermeiden, dass eine Strom- oder Wasserleitung angebohrt wird.

Werkzeug

Webcode: #41007

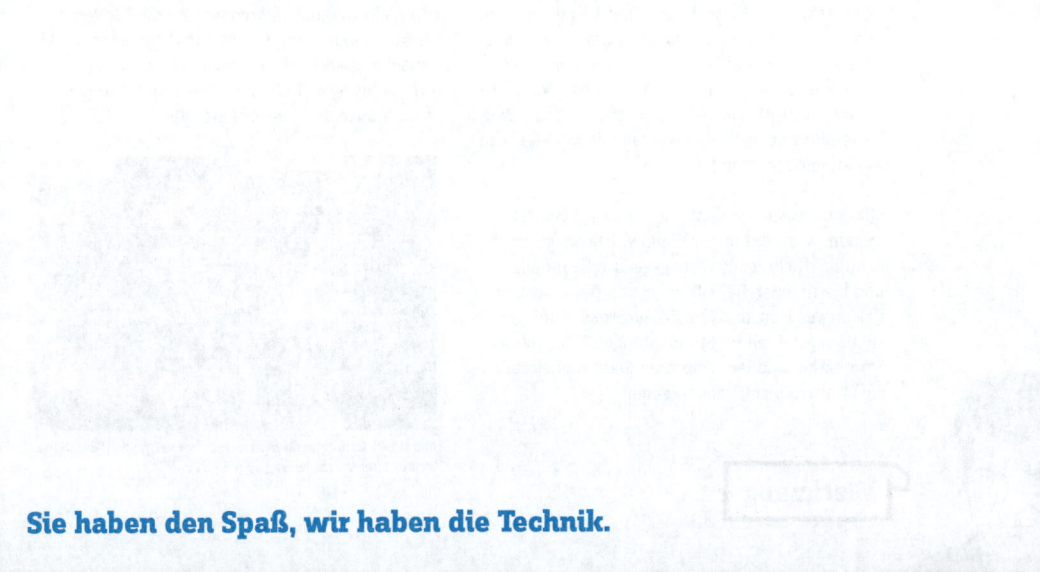

17 Nickel-Metallhydrid-Akku

Der NiMH-Akku speichert große Energiemengen. Seine Zellenspannung beträgt 1,2 V. Er lässt rund 300 bis 600 Ladezyklen zu. NiMH-Akkus erlauben die Entnahme hoher Ströme, so wie sie beispielsweise beim RC-Modellflug gefordert werden.

NiMH-Akkus sind behutsam zu behandeln und nicht für den Einsatz bei tiefen Temperaturen geeignet. Bei rund 0 °C zeigt sich bereits ein deutlicher Kapazitätsverlust, der die mit einer Akkuladung mögliche Laufzeit erheblich verkürzt. Bei noch tieferen Temperaturen können sie völlig unbrauchbar werden. Sie sind außerdem vor Über- und Tiefentladung sowie Überhitzung zu schützen. Die durch falsche Behandlung hervorgerufene Kapazitätsverringerung lässt sich wieder rückgängig machen.

Dazu ist der Akku unter Last auf 1,0 V zu entladen und anschließend schonend aufzuladen. Nickel-Metallhydrid-Akkus haben eine hohe Selbstentladung. Sie sind deshalb erst kurz vor dem Einsatz zu laden.

Kenndaten	
Abkürzung	NiMH
Zellennennspannung	1,2 V
Minimale Zellenentladespannung	0,9 V
Ladezyklen	300 bis 600
Entladestrom	bis 15 C
Monatliche Selbstentladung	30 % der Nennkapazität

Modellbau & Modellbahn

Sie haben den Spaß, wir haben die Technik.

18 Solarstrom für das Wochenendhaus

Vor der Installation einer Solaranlage am Wochenendhäuschen muss ermittelt werden, welche Verbraucher betrieben werden sollen. Kleine Inselanlagen, die unabhängig vom öffentlichen Stromnetz arbeiten, eignen sich zumindest für eine Reihe von Kleinverbrauchern wie etwa Energiesparlampen. Der Strombedarf errechnet sich aus der Summe der Leistungsaufnahme der Verbraucher mal der Betriebszeit.

Ein Beispiel:
Vier 20-W-Lampen nehmen 80 W auf. In drei Stunden verbrauchen sie 240 Wh (80 W x 3 h = 240 Wh). Dazu ist ein 20-Ah-Solarakku erforderlich (240 Wh : 12 V = 20 Ah).

Ein Solarmodul liefert nur dann die an ihr angegebene Leistung, wenn die Sonne im rechten Winkel auf sie scheint. Bei flachem Winkel oder Bewölkung nimmt die Stromerzeugung ab. Während eines Sonnentages im Sommer bringt ein Modul nur rund 40 bis 45 % seiner Nennleistung innerhalb von acht Stunden.

Mit einem 55-W-Modul würde laut

55 W x 45 % x 8 h = 198 Wh

zu wenig Energie erzeugt werden. Daher werden zwei Solarmodule benötigt. Gemeinsam mit einem größeren Akku bekommt man so auch genügend Strom, sollte mal mehr Energie benötigt werden.

Webcode: #42012

Energie

Sie haben den Spaß, wir haben die Technik.

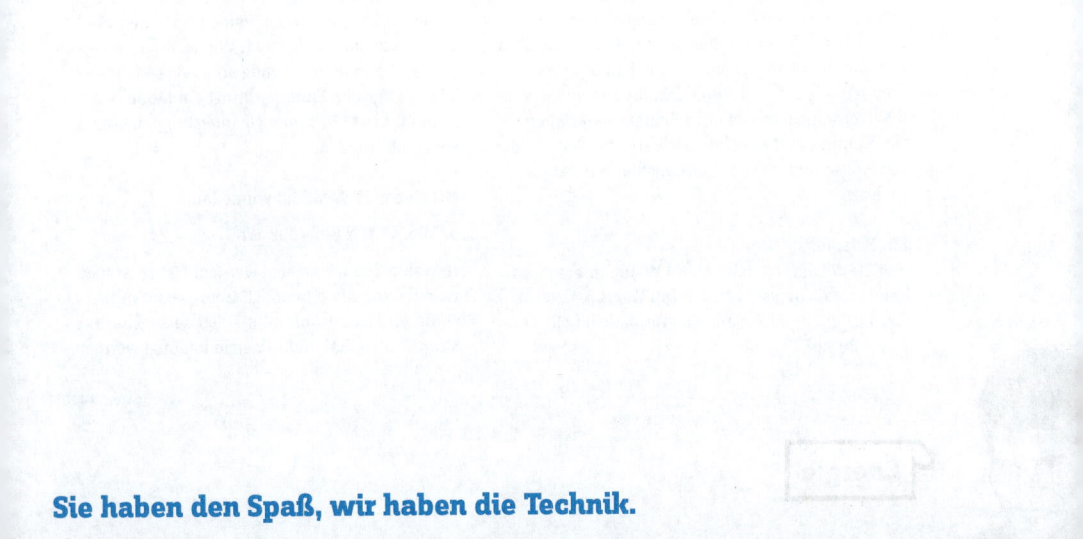

19 Action-/ Sportkameras für härteste Einsätze

Die Sportberichterstattung im Fernsehen hat es vorgemacht. Mit Spezialkameras werden Sportereignisse aus völlig neuen Perspektiven gezeigt. Mit sogenannten Actionkameras ist es jetzt auch für Hobbyfilmer möglich, solche Aufnahmen zu machen. Actionkameras sind kompakte und leichte Minikameras, die mit bis zu voller HD-Auflösung auf Speicherkarten aufzeichnen. Darüber hinaus sind sie mit umfangreichem Montagezubehör ausgestattet. So ist es beispielsweise möglich, die Kamera am Helm zu befestigen und so hautnah das Geschehen aus der Sicht des Athleten zu erleben. Action- und Sportkameras sind stoßfest, leicht bedienbar und zum Teil bis zu 20 m wasserdicht.

Sportkamera für den Einsatz unter anderem im Motor- und Skisport sowie beim Laufen, Klettern, Skaten etc. (Best.-Nr.: 86 18 00).

Webcode: #11058

Hobby

Sie haben den Spaß, wir haben die Technik.

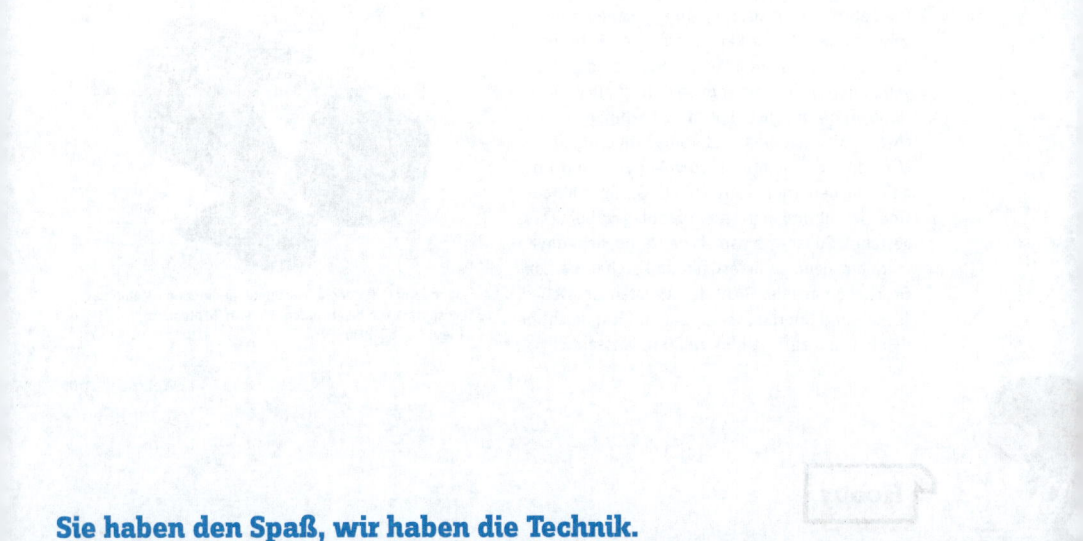

20 Einparken ein Kinderspiel

Wer kennt das nicht? Da ist man ewig auf der Suche nach einem Parkplatz und findet schließlich eine Parklücke, in die man nicht hineinzukommen glaubt. Das Problem vieler Fahrer liegt darin, dass es ihnen schwerfällt, abzuschätzen, wie nahe sie an das davor und dahinter parkende Fahrzeug heranfahren können, ohne dieses zu berühren.

In solchen Fällen helfen Einparkhilfen. Sie bestehen aus Sensoren, die in die vordere und hintere Stoßstange einzubauen sind. Sie messen die Entfernung zum davor oder dahinter befindlichen Fahrzeug, nehmen aber auch andere Hindernisse, wie niedrige Mauern und dergleichen, wahr.

Einfache Systeme geben akustische Meldungen ab, und zwar in folgender Form:

- Kein Signal bedeutet ausreichend Platz.

- Ein Aufmerksamkeitssignal meldet, dass man sich im Nahbereich des davor oder dahinter geparkten Fahrzeugs befindet.

- Eine Warnung fordert zum Stoppen auf.

Besser ausgestattete Systeme arbeiten auch mit einem Display, in dem der noch verfügbare Platz auf 10 cm genau angezeigt wird.

Webcode: #13072

1 Auto

Sie haben den Spaß, wir haben die Technik.

21 Das richtige Ladegerät

Alle Ladegeräte laden Akkus. Damit endet bereits ihre Gemeinsamkeit, denn sie unterscheiden sich stark in dem, wie sie es tun. Einfache Ladestationen laden nur zwei oder vier Akkus. Da man die in einem Gerät verwendeten Akkus stets gemeinsam laden sollte, hat man ein Problem, wenn dieses mit drei Akkus, so oft bei Kinderspielzeug der Fall, betrieben wird. Höherwertigere Ladestationen laden auch einzelne und somit beispielsweise auch drei Akkus am Stück.

Ebenfalls von Bedeutung ist der Ladestrom. Er bestimmt, wie lange ein Akku geladen werden muss, bis er voll ist. Betagte Ladestationen bringen es oft nur auf 100 mA. Mit ihnen dauert es bis über 24 Stunden, bis ein leistungsstarker Mignon-Akku aufgeladen ist.

Moderne Schnellladegeräte erledigen dieselbe Aufgabe in rund vier Stunden, wobei sie den Ladezustand laufend beobachten. Moderne Schnellladegeräte gibt es zudem mit Weitbereichsspannungsversorgung, die ihren Einsatz in 110- bis 240-V-Netzen erlaubt.

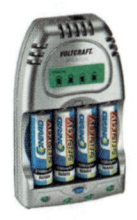

Schnellladegerät (Best.-Nr.: 20 10 55).

Energie

Webcode: #31008

Sie haben den Spaß, wir haben die Technik.

22 Dimmer-Anschlussleistung richtig ausgewählt

Dimmer sind Lichtschalter, mit denen man die Raumbeleuchtung nicht nur ein- und ausschalten, sondern auch in der Helligkeit stufenlos einstellen kann. Während einfache Lichtschalter ein sehr hohes Schaltvermögen von mehreren kW haben, ist dieses bei Dimmern begrenzt. Ihre Schaltleistung beträgt zwischen 300 und 500 W.

Der Dimmer ist demnach an die zu schaltende Lichtquelle anzupassen. Da eine Raumbeleuchtung in der Regel aus mehreren Leuchten besteht, ist deren Gesamtleistung maßgeblich. Zusätzlich ist eine Reserve mit einzukalkulieren. Zum einen weil Beleuchtungsanlagen erweitert werden können und dann eine höhere Leistungsaufnahme haben.

Wichtiger ist aber: Der Einschaltstrom eines jeden Verbrauchers ist deutlich höher als der laufende Verbrauch während des Betriebs. Ist der Dimmer zu knapp bemessen, würde er beim Einschaltstrom überfordert werden und schon nach kurzer Zeit kaputtgehen.

Haus & Garten

Sie haben den Spaß, wir haben die Technik.

23 Analoge und digitale Loks: nicht mischen

Hat man auf dem Speicher noch eine alte Modelleisenbahn herumliegen, lassen sich die alten Wagen auf einer digitalen Anlage noch weiterverwenden, allerdings auch nur, wenn die Räder nicht aus Vollmetall sind. Gleise wird man wegen neuerer Profile, anderer Gleishöhen und vor allem anderer Verbindungstechniken kaum mehr verwenden können.

Vor allem aber gilt, dass alte analoge Lokomotiven auf einer Digitaleisenbahn nichts verloren haben.

Von Kennern der Materie ist immer wieder zu hören, dass ihre Fahreigenschaften mehr als zu wünschen übrig lassen und zudem die Lebensdauer der alten Lok auf wenige Minuten reduziert wird. Die alten Gleichstrommotoren typischer Zweischienenloks sind mit dem Stromgemisch, das sie über die Gleise der Digitalanlage entgegennehmen, überlastet, wodurch sie sehr schnell irreparabel beschädigt sind.

Webcode: #31081

Modellbau & Modellbahn

Sie haben den Spaß, wir haben die Technik.

24 Transistoren richtig einbauen

Auch beim Transistor ist auf den richtigen Einbau zu achten. Er hat drei Anschlüsse, die Basis (B), den Kollektor (C) und den Emitter (E). Kleine Transistoren sind meist zylindrisch und etwa zu einem Drittel abgeflacht. Hier ist die Typenbezeichnung aufgedruckt. Schaut man so auf den Transistor, dass die Anschlüsse nach unten zeigen und man die Beschriftung lesen kann, liegt der Emitter links, die Basis ist in der Mitte.

Kleine Leistungstransistoren haben ein flaches, etwa quadratisches Gehäuse mit einer Bohrung in der Mitte. Diese dient zum Anschrauben an einen Kühlkörper. Bei dieser Transistorvariante sind alle drei Anschlüsse nebeneinander angeordnet.

Auf der Platine sind solche Transistoren durch ein Rechteck mit einem dicken Balken auf einer Längsseite gekennzeichnet. Der Transistor ist so einzubauen, dass seine Beschriftung gegenüber der Seite ist, auf der der Balken eingezeichnet ist.
Größere Transistoren haben ein rundes Vollmetallgehäuse mit einer kleinen Nase an einer Seite. Sie liegt dem Emitter am nächsten. Die Anschlüsse aller Transistoren sind so angeordnet, dass sie sich keinesfalls falsch einbauen lassen.

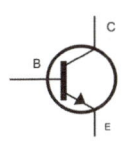

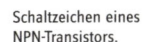

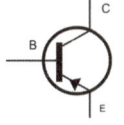

Schaltzeichen eines NPN-Transistors.

Schaltzeichen eines PNP-Transistors.

Bauelemente

Sie haben den Spaß, wir haben die Technik.

25 Multimedia-Festplatte

Multimedia-Festplatten sehen meist aus wie normale externe Festplatten. Erst auf den zweiten Blick erkennt man auf ihnen auch einzelne Bedienungselemente. Vielen Multimedia-Festplatten ist sogar eine Fernsteuerung beigepackt.

Zuerst einmal dienen solche Festplatten zum Speichern aller erdenklichen Daten. Sie bieten sich aber besonders für die Archivierung Ihrer Musikdateien, Fotos und Filme an. Sie können direkt am Fernseher angeschlossen werden, womit man mit ihnen ohne PC Urlaubsfotos, Spielfilme, aufgezeichnete TV-Sendungen etc. ansehen kann. Auf die gleiche Weise lassen sich auch gespeicherte Podcasts oder Musik anhören.

Und das alles in bester HD-Qualität, wozu Multimedia-Festplatten einen HDMI-Ausgang an Bord haben und mit dem LCD- oder Plasma-Fernseher verbunden werden können. Einige Modelle haben auch einen herkömmlichen Cinch-AV-Ausgang eingebaut, der es erlaubt, sie an älteren Fernsehern zu betreiben.

Weiteres Plus: Multimedia-Festplatten sind kompakt und handlich und lassen sich leicht überallhin mitnehmen.

Webcode: #16066

Computer & Office

Sie haben den Spaß, wir haben die Technik.

26 Wie viele HDMI-Eingänge sind erforderlich?

Aktuelle HD-Fernseher nehmen hochauflösende Bilder über die digitale HDMI-Schnittstelle entgegen. Alte Geräte hatten nur eine einzige HDMI-Schnittstelle an Bord und erlaubten lediglich den Anschluss eines HD-Sat-Receivers. Andere HD-Quellen gab es schließlich um 2005 auch noch nicht. Seitdem hat sich das Blatt aber grundlegend geändert.

Neben dem HD-Sat-Receiver wollen auch der Blu-ray-Player und die Spielekonsole angeschlossen werden. Daneben sind die HD-Videokamera und der digitale Fotoapparat, der inzwischen auch in HD filmt, und sogar der PC mit HDMI-Ausgang potenzielle Kandidaten.

Um ausreichend Anschlussmöglichkeiten zu haben, sollte ein moderner LCD- oder Plasmafernseher vier HDMI-Buchsen aufweisen.

Besitzt man noch ein „älteres" TV-Gerät mit nur einer Buchse, helfen HDMI-Umschaltboxen mit meist zwei oder vier Eingängen weiter.

Webcode: #15106

Multimedia

Sie haben den Spaß, wir haben die Technik.

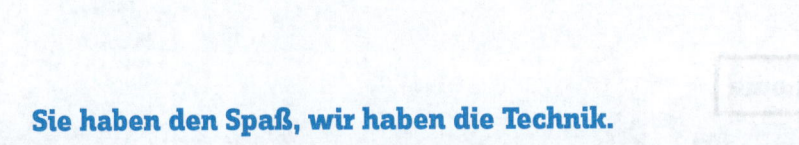

27 Lötspitze austauschen

Lötspitzen gibt es in verschiedenen Formen und Größen, die zu den Lötkolben als Sonderzubehör angeboten werden. Für Elektronik- und Universallötkolben kommen Meißel- oder Flachformspitzen mit einer Breite von rund 0,8 bis 3,5 mm und Bleistiftformspitzen mit einem Durchmesser von etwa 0,8 bis 4 mm zum Einsatz. Die Spitzen sind entsprechend den vorzunehmenden Lötungen und der Größe der zu lötenden Bauteile anzupassen.

Die Spitzen vieler Lötkolben lassen sich leicht austauschen. Die meisten Lötkolben sind mit einem Schraubverschluss versehen. Dazu braucht man lediglich einen Schlitzschraubendreher. Bei einigen Lötkolben kann die Spitze sogar ohne Werkzeug abgeschraubt oder einfach abgezogen werden. Der Lötkolben muss in allen Fällen vollständig ausgekühlt sein.

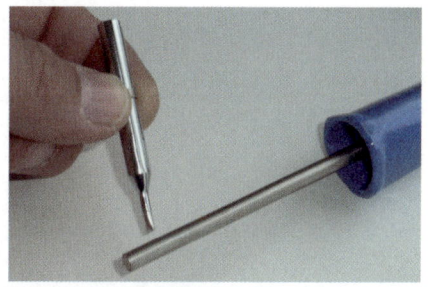

Werkzeug

Lötspitzen lassen sich leicht austauschen.

Sie haben den Spaß, wir haben die Technik.

28 RC-Modell richtig in Betrieb nehmen

Ziehen Sie zuerst die Antenne der 35- oder 40-MHz-Fernsteuerung ganz aus. Erst jetzt ist sie einschaltbereit. Bei modernen 2,4-GHz-Fernsteueranlagen entfällt dieser Schritt, da die Antenne ohnehin sehr kurz ist.

Bevor Sie den Sender einschalten, vergewissern Sie sich, dass kein anderer RC-Hobbyist in Ihrem Nahbereich ein Modell mit der gleichen Frequenz, die auch Sie nutzen möchten, betreibt. Dies trifft ebenfalls nur auf 35- und 40-MHz-Anlagen zu.

Erst nachdem der Sender eingeschaltet ist, nehmen Sie das RC-Modell in Betrieb, beispielsweise indem Sie den Akku anstecken.

So ist gewährleistet, dass das Modell von Beginn an von der Fernsteuerung kontrolliert wird und keine zufälligen Aktionen wie das Anlaufen eines Propellers ausführt – womit nicht zu unterschätzende Unfallgefahren ausgeschlossen werden können.

Beim Ausschalten wird zuerst das Modell außer Betrieb genommen, indem man beispielsweise seinen Akku wieder ausbaut. Erst zuletzt wird die Fernsteuerung ausgeschaltet.

Modellbau & Modellbahn

Sie haben den Spaß, wir haben die Technik.

29 Batterietypen

Wie bei Akkus gibt es auch bei Batterien verschiedene Technologien, die sich auf ihre Einsatzdauer auswirken.

Die einfachsten und preiswertesten Batterien beruhen auf der Zink-Kohle-Technologie. Sie haben den geringsten Energiegehalt und eignen sich am besten für batteriebetriebene Verbraucher, die nur wenig Strom erfordern.

Alkaline-Batterien bieten bereits eine hohe Energiedichte. Sie eignen sich für energieintensive Anwendungen wie motorbetriebene Geräte.

Für höchste Ansprüche gibt es Lithium-Batterien. Sie werden jedoch nur in den heute gängigsten Größen AA und AAA angeboten, also jenen Batteriegrößen, die am häufigsten in kompakten mobilen Geräten Einsatz finden. Sie sind aber auch die gängigsten Batterien in häufig motorbetriebenen Kinderspielzeugen, die somit besonders energiehungrig sind. Mit Lithium-Batterien laufen sie am längsten.

Webcode: #43013

Energie

Sie haben den Spaß, wir haben die Technik.

30 Studiosound im Kleinformat

Handheld-Rekorder sind etwa 12 x 6 x 3 cm groß und zeichnen sich durch einfache Bedienung, aber besonders durch ihre hervorragenden Aufnahmeeigenschaften aus. Sie haben hochwertige Mikrofonsysteme eingebaut und erlauben Aufnahmen im MP3-Format bis 320 kBit/s oder, noch besser, als Wave mit bis zu 96 kHz. Die mit solchen Geräten vorgenommenen Aufnahmen erfüllen höchste Anforderungen und sind Broadcast-fähig. Kein Wunder, dass Handheld-Rekorder längst zum Standardequipment von Radioreportern zählen.

Die Geräte erlauben ferner hervorragende Konzertmitschnitte sowie das Erstellen eigener Demosongs.

Unterwegs lassen sich Geräusche für einen Studiosampler aufzeichnen und vieles mehr. Sie nehmen nicht nur über das eingebaute Mikrofon auf, sondern haben auch Line-Eingänge mit im Studiobetrieb üblichen stabilen XLR- und/oder 6,3-mm-Klinkenbuchsen. Aufgezeichnet wird auf SD-Speicherkarte, womit ihre Aufnahmekapazität schier unbegrenzt ist.

Handheld-Rekorder bewegen sich im gleichen Preisniveau wie hochwertige digitale Diktiergeräte, unterscheiden sich von ihnen, abgesehen von den etwas größeren Abmessungen, aber durch die um Welten bessere Aufnahmequalität.

1 Hobby

Sie haben den Spaß, wir haben die Technik.

31 Akkus richtig nutzen

Um die maximale Leistungs- und Lebensdauer von Akkus voll auszuschöpfen, sind einige Regeln zu beachten:

- Verwenden Sie in einem Gerät stets nur Akkus desselben Herstellers, desselben Typs und derselben Kapazität.

- Da sich die Eigenschaften der Akkus mit zunehmendem Alter etwas verschlechtern, sollten Sie in einem Gerät stets nur gleich alte Zellen nutzen.

- Alle im Gerät eingelegten Akkus sollten den gleichen Ladezustand haben. Ist einer bereits weitgehend leer, bestimmt er, wie lange das Gerät noch läuft. Zudem werden alle anderen Akkus über Gebühr belastet.

- NiMH-Akkus haben eine sogenannte Ladeschlussspannung von 0,9 V, die keinesfalls unterschritten werden darf. Da sie eine Selbstentladung haben, sollten Sie sie in jedem Fall aufladen, wenn Sie sie für längere Zeit nicht benötigen. Sie sorgen damit dafür, dass sie sich nicht selbst über Gebühr entladen und dabei kaputtgehen.

Webcode: #31004

Energie

Sie haben den Spaß, wir haben die Technik.

Verstärkerendstufe

Die in den Autoradios eingebauten Verstärker erfüllen nur Minimalanforderungen und sind nicht in der Lage, umfangreiche und vor allem leistungsstarke Lautsprecheranlagen zu bedienen. Diese Aufgabe übernehmen separate Endstufen. Ihre Ausgangsleistung wird an die Boxen angepasst, wobei diese keinesfalls übersteuert oder bis an die oberen Grenzen belastet werden sollten, was zu Verzerrungen führen würde.

Verstärkerendstufen finden, je nach Größe und Ausführung, meist im Bereich des Kofferraums Platz. Der Montageort sollte trocken und möglichst staubfrei sein, geringe Vibrationen sowie eine gute Luftzirkulation und eine hitzeunempfindliche Umgebung haben.

Wegen ihres hohen Stromverbrauchs erfordern Verstärkerendstufen eine direkte, abgesicherte Stromversorgung von der Batterie. Da hier Ströme von ohne weiteres 30 A fließen, sind ausreichend bemessene Kabelquerschnitte zu verwenden.

Die Verteilung der Spannungsversorgung wird sternförmig ausgeführt, wobei die Anschlüsse der Minusleitungen für alle Komponenten der Auto-Hi-Fi-Anlage von einem gemeinsamen Punkt ausgehen. Dadurch werden Masseschleifen vermieden. Auf gleiche Weise werden die Plusleitungen verlegt. Lautsprecherkabel sollten räumlich getrennt zu Strom führenden Leitungen verlegt werden.

Webcode: #15069

1 Auto

Sie haben den Spaß, wir haben die Technik.

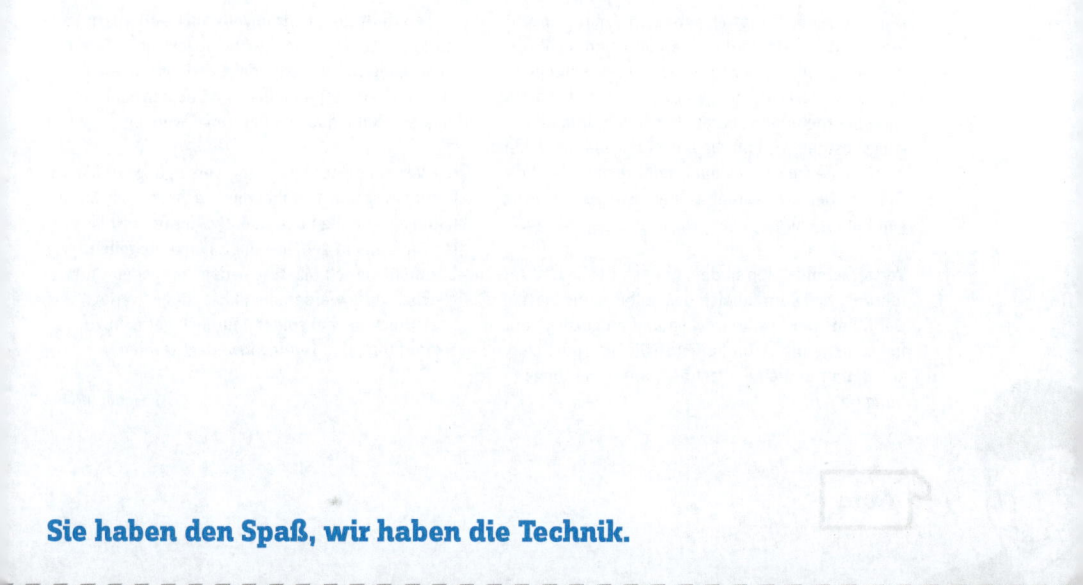

33 Dimmer auf Leuchtmittel abstimmen

Nicht jeder Dimmer ist für jedes Leuchtmittel geeignet. Vor allem ältere Modelle sind ausschließlich für ohmsche Belastungen, wie sie für die klassische Glühlampe typisch sind, ausgelegt. Daher funktionieren sie nicht mit Energiesparlampen.

Dimmer werden heute unter anderem für Glühlampen, 230-V-Halogenlampen und Niedervolt-Halogenlampen für konventionelle oder elektronische Trafos angeboten.

Nur wenn Dimmer und Lichtquelle zusammenpassen, lässt sich die Lichthelligkeit steuern. Das schließt auch mit ein, dass bei einem Wechsel der Beleuchtungskörper auf ein anderes System in der Regel der vorhandene Dimmer ebenfalls zu ersetzen ist.

Haus & Garten

Sie haben den Spaß, wir haben die Technik.

34 Untersteuern

Wenn das RC-Car untersteuert, neigt es dazu, auszubrechen, wobei es der Zentrifugalkraft folgt, die es nach außen gleiten lässt. Kurven werden damit größer gefahren als eigentlich gewollt. Geht es darum, einem Hindernis auszuweichen, könnte ein unter-, aber auch ein übersteuertes RC-Car mit diesem auf Kollisionskurs gehen.

Zu den möglichen Untersteuerungsursachen zählt eine zu groß eingestellte Vorspur. Durch ihre Verringerung auf Werte zwischen 2° und 3° lassen sich die Fahreigenschaften verbessern. Im Gegensatz dazu kann auch eine um rund 1° größere Vorspur an der hinteren Achse für mehr Stabilität sorgen.

Zu harte Federn an der Vorderachse oder zu weiche Federn an der Hinterachse sind weitere mögliche Gründe. Das Austauschen der Federn gegen weichere (vorne) oder härtere (hinten) machen das RC-Car leichter beherrschbar.

Auch der Radsturz muss angepasst werden. Ist er an den Vorderrädern zu gering eingestellt, hat das Modell eine zu geringe Haftung, daher ist er zu erhöhen. Eine zu große Haftung an der Hinterachse führt ebenfalls zur Untersteuerung. Ihr kann durch Reduzieren des Sturzes begegnet werden.

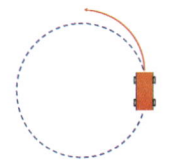

Ein untersteuertes Modell neigt dazu, Kurven größer zu fahren.

Modellbau & Modellbahn

Sie haben den Spaß, wir haben die Technik.

35 Die Leuchtdiode (LED)

Die LED ist eine Spezialform der Diode. Sie findet zum Beispiel als kleines Signalisierungslämpchen ihren Einsatz. Auch die Leuchtdiode lässt den Strom nur in eine Richtung durch, deshalb muss beim Einbauen auf die richtige Polung geachtet werden. Die Anschlussdrähte einer Leuchtdiode sind verschieden lang. Der längere ist der Pluspol und heißt Anode (A). Der Minuspol, auch Kathode (K), hat den kürzeren Draht.

Die Polaritäten sind auch im LED-Inneren zu erkennen. Der Minuspol hat etwa die Form eines großen Dreiecks. Der Pluspol ist indes nur sehr zierlich ausgeführt.

Auf Platinen von Elektronikbausätzen kann der LED-Einbauort mit einem an einer Seite abgeflachten Kreis beschriftet sein, der die Kathode kenntlich macht. An dieser Seite ist der kürzere LED-Anschluss durch die Bohrung im Bereich des Strichs der LED-Zeichnung auf der Platine zu stecken. Eine LED darf nicht direkt an eine Stromquelle angeschlossen werden. Sie benötigt zwingend einen Vorwiderstand.

Eine LED ist stets polrichtig einzubauen.

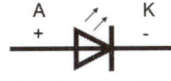

Schaltzeichen einer LED.

Bauelemente

Sie haben den Spaß, wir haben die Technik.

36 USB 3.0

Unter dem Universal Serial Bus (USB) versteht man ein serielles Bussystem zur Verbindung von PC-Komponenten. Der Scanner wird beispielsweise ebenso per USB am PC angeschlossen wie der USB-Stick oder die externe Festplatte.

Moderne Anwendungen erfordern zunehmend höhere Übertragungsdatenraten. Aus diesem Grund löste bereits ab 2000 USB 2.0 das ältere USB 1.1 ab, womit die Übertragungsgeschwindigkeit von maximal 12 auf bis zu 480 MBit/s gesteigert werden konnte. Das neue USB 3.0 ist noch zehnmal schneller.

Via USB 2.0 können von einer externen Festplatte nur maximal 35 MByte/s übertragen werden.

Mit USB 3.0 sind es bis zu 120. Damit verkürzt sich die Übertragungsdauer einer 25-GByte-Datei von rund 14 auf etwas mehr als 1 Minute.

USB 3.0 ist abwärtskompatibel. Es spricht also nichts dagegen, sich schon heute eine extraschnelle externe USB-3.0-Festplatte zuzulegen. Nach einer Rechneraufrüstung oder einem PC-Neukauf profitiert man von der Turboübertragungsgeschwindigkeit zwischen beiden Geräten.

USB-Übertragungsgeschwindigkeiten	
USB 1.1 Low Speed	1,5 MBit/s
USB 1.1 Full Speed	12 MBit/s
USB 2.0	480 MBit/s
USB 3.0	4,8 GBit/s

Webcode: #46015

Computer & Office

Sie haben den Spaß, wir haben die Technik.

37 Diashow am Bilderrahmen

Jahrelang das gleiche Foto in einem Bilderrahmen ansehen zu müssen, ist Schnee von gestern. Digitale Bilderrahmen haben die Nutzung persönlicher Erinnerungen revolutioniert. Sie sind, vereinfacht ausgedrückt, LCD-Monitore mit einer Bilddiagonale von rund 18 bis 38 cm. Sie haben einen Speicherkartenslot, der verschiedene Speicherkartenformate aufnimmt.

Mit digitalen Bilderrahmen können ganze Diashows in einer Endlosschleife wiedergegeben werden. So sorgen sie für Überraschungseffekte und sind gleichsam ein Magnet, auf den man immer wieder gern schaut – einfach, weil man neugierig ist, welches Bild gerade gezeigt wird.

Digitale Bilderrahmen können aber noch mehr. Über sie kann man auch Filme oder Filmsequenzen wiedergeben. Damit sehen die Großeltern nicht nur ein Foto ihres Enkelkinds, sondern können gleichsam miterleben, wie es seine ersten Schritte macht.

Webcode: #15073

1 Multimedia

Sie haben den Spaß, wir haben die Technik.

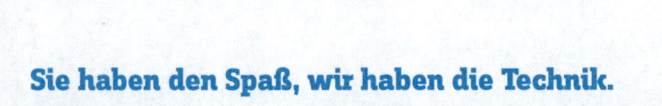

Elektronikerzangen für feine Elektronikarbeiten

Elektronikerzangen sind nicht einmal halb so groß wie normales Werkzeug. Eine Elektronikerflachzange benötigen Sie, um Widerstände, Dioden, Kondensatoren etc. vor dem Einbauen vorzubereiten.

Mit einem Elektronikerseitenschneider kürzen Sie zum Beispiel zu lange Anschlussdrähte nach dem Einlöten. Mit solchen Zangen können Sie Schnitte exakter positionieren und auch nur geringe Überlängen kürzen. Große Zangen sind dazu kaum in der Lage.

Kleine Printzangen sind zum Durchtrennen dünner, weicher Drähte von rund 0,2 mm bis maximal 1,6 mm Durchmesser vorgesehen.

Drähte mittlerer Härte dürfen Sie mit Printzangen nur bis maximal 1 mm Durchmesser bearbeiten. Wegen ihrer kleinen Schneide sind Printzangen nicht für größere Drahtquerschnitte geeignet. Diese würden der Schneide tiefe Kerben bescheren, die Ihnen das Bearbeiten feiner Drähte unmöglich machten. Printzangen haben eine an der Schneide angebrachte Drahtklammer. Sie verhindert das Wegspringen abgezwickter Drahtenden.

Elektronikrundzangen gibt es in verschiedenen Größen. Sie sind zum Beispiel erforderlich, wenn Sie kleine Ösen biegen möchten.

Eine Abisolierzange brauchen Sie zum Abisolieren von dünnen Drähten.

Webcode: #31015

Werkzeug

Sie haben den Spaß, wir haben die Technik.

39 Modellbahn: Spurbezeichnungen

Modelleisenbahnen gibt es in verschiedenen Größen (Spurweiten). Am weitesten verbreitet sind Anlagen der Größe H0. Sie sind im Maßstab 1:87 gefertigt, gelten als überaus robust und sind wegen ihrer Größe als äußerst detailgetreue Modelle realisierbar. Als weitere Größe hat sich die Spurweite N etabliert. Ihre Modelle sind im Maßstab 1:160 gefertigt und nur etwa halb so groß wie ihre H0-Kollegen.

Um wie viel kleiner Lokomotiven und Wagen in N sind, zeigt sich, wenn man sie H0-Modellen gegenüberstellt. Sie nehmen nur etwa ein Achtel ihres Volumens und ein Viertel ihrer Grundfläche ein. Damit lassen sich mit N unter gegebenen Platzverhältnissen rund viermal so große Anlagen aufbauen.

Webcode: #31081

Spur	Maßstab	Spurweite	Spurweite im Original	Bezeichnung
Z	1:220	6,5 mm	1.435 mm	Normalspur
N	1:160	9 mm	1.250 bis 1.700 mm	Normalspur
TT	1:120	12 mm	1.250 bis 1.700 mm	Normalspur
H0e	1:87	9 mm	750 mm	Schmalspur
H0	1:87	16,5 mm	1.435 mm	Normalspur

Modellbau & Modellbahn

Modellbahnspurweiten im Vergleich. Von links nach rechts: Spur Z, N, TT und H0.

Sie haben den Spaß, wir haben die Technik.

40 Stromfresser entlarven

In Zeiten steigender Stromkosten ist Energiesparen angesagt, um die Kosten im Zaum halten zu können. Gerade beim Stromverbrauch besteht hohes Einsparpotenzial. Das setzt aber voraus, dass man weiß, welche Geräte wie viel verbrauchen.

Hier hilft ein Energiekostenmessgerät, das in eine Steckdose gesteckt wird. An dieses Messgerät wird wiederum das zu untersuchende Gerät angeschlossen. Im Display wird unter anderem der momentane Verbrauch angezeigt. Höherwertige Energiekostenmessgeräte zeigen auch an, welche Stromkosten das untersuchte Gerät beispielsweise in einem Jahr verursacht. Diese Angaben sind umso genauer, je länger man ein Gerät beobachtet. Für Kühlschrank und Co. empfehlen sich 24 Stunden.

Viel Einsparpotenzial steckt auch in Kleingeräten und im Stand-by-Verbrauch. Um ihn möglichst genau erfassen zu können, muss das Messgerät auch kleine Leistungsaufnahmen erfassen können.

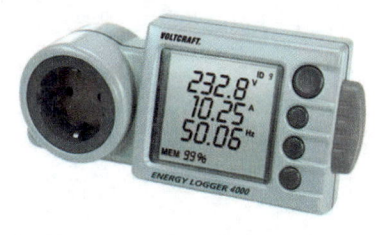

Energiekostenmessgerät Energy Logger 4000 (Best.-Nr.: 12 53 35).

Webcode: #32024

Energie

Sie haben den Spaß, wir haben die Technik.

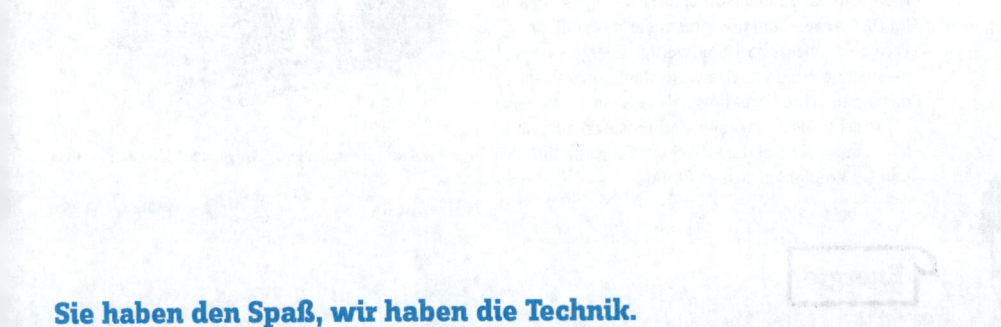

41 LED-Fahrradbeleuchtung

Vorbei sind die Zeiten, in denen der Strom für die Fahrradbeleuchtung über einen Dynamo am Vorderrad erzeugt wurde. War er eingeschaltet, ging das Treten spürbar schwerer. Zudem leuchtete das Licht nur dann hell, wenn man schnell fuhr. Blieb man stehen, gab es gar kein Licht.

Neue LED-Lampen werden mit Akkus oder Batterien betrieben. Damit sorgen sie für eine stets gleichbleibende Helligkeit, egal wie schnell man fährt oder ob man steht. Ihr helleres Licht sorgt nicht nur dafür, dass man selbst besser sieht, sondern auch dafür, dass man besser gesehen wird.

LED-Lampen werden von Autofahrern bereits in bis zu mehreren Hundert Metern Abstand erkannt, womit das Unfallrisiko entscheidend minimiert wird.

LED-Lampen sind zudem äußerst sparsam und sorgen damit für eine hohe Brenndauer. Man braucht also keine Angst zu haben, dass die Lichtquelle schon nach kurzer Zeit erlischt.

Webcode: #33095

Hobby

Sie haben den Spaß, wir haben die Technik.

42 Rückfahr-Videosysteme für große Autos

Größere Fahrzeuge, wie Wohnmobile oder Gespanne mit Wohnanhänger, erlauben meist nur einen unzureichenden Blick nach hinten. Bei ihnen muss man allein anhand der Seitenspiegel das rückwärtige Verkehrsgeschehen ausmachen.

Hier helfen Rückfahr-Videosysteme weiter. Sie bestehen aus einer an der Rückseite des Fahrzeugs montierten Kamera und einem Monitor im Bereich des Fahrers. Neben drahtgebundenen Systemen gibt es auch solche, die mit Funk arbeiten und so eine besonders einfache Montage erlauben. Mit ihnen lässt sich, besser als mit den Rückspiegeln, erkennen, wie weit man zurückschieben kann und ob selbst kleine Hindernisse, wie herumliegende Kinderfahrräder, den Weg versperren.

Weil sie eigene kleine Scheinwerfer eingebaut haben, arbeiten solche Kamerasysteme dank dieser modernen Technologie bei Tageslicht und in der Nacht hervorragend.

Rückfahr-Videosystem (Best.-Nr.: 85 63 40).

Webcode: #13074

Sie haben den Spaß, wir haben die Technik.

43 Halogenlampen: eine Alternative

Nicht jeder ist damit glücklich, dass es statt der guten alten Glühlampe nur noch Energiesparlampen gibt. Immerhin spricht manches gegen sie.

Energiesparlampen sind für Langzeitbetrieb ausgelegt. Sie mögen es nicht, wenn man sie immer nur kurz einschaltet, wie es etwa beim Besuch des WCs, der Abstellkammer oder dem Dachboden der Fall ist. Damit wird die Lebensdauer der Energiesparlampe merklich reduziert. Zudem sind die Lampenformen meist etwas plump und verschandeln viele Luster. Auch ihre Lichtfarbe gibt immer wieder Anlass zur Klage.

Halogenlampen sorgen für Abhilfe. Es gibt sie in exakt den gleichen Formen wie die klassische Glühlampe. Sie überzeugen durch ausgesprochen angenehmes Licht, das dem der Glühlampe entspricht. Dazu brauchen Halogenlampen deutlich weniger Strom als diese und sind auch wesentlich unempfindlicher, was den Kurzzeitbetrieb anbelangt. Außerdem angenehm: Berücksichtigt man ihre längere Lebensdauer, sind sie kaum teurer als die alte Glühbirne.

Halogenlampe (Best.-Nr.: 57 35 32).

Haus & Garten

Webcode: #42019

Sie haben den Spaß, wir haben die Technik.

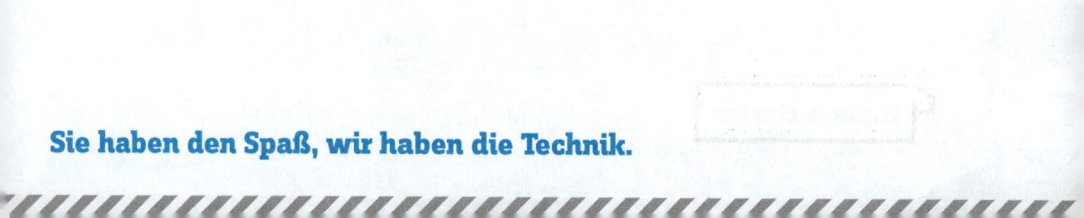

44 Die Diode

Eine Diode lässt den Strom nur in eine Richtung durch sich fließen. Je nachdem, wie sie in eine Schaltung eingebaut ist, wird sie in Durchlass- oder Sperrrichtung betrieben. Dioden gibt es in verschiedenen Bauformen. Im Elektronikbereich sind sie, genau wie Widerstände, zylindrisch ausgeführt, allerdings kleiner.

Ihre beiden Anschlüsse nennt man Anode, die in Durchlassrichtung dem Pluspol entspricht, und Kathode, die dem Minuspol entspricht. Dioden sind meist mit der Typenbezeichnung beschriftet. Daneben kennzeichnet ein Ring die Kathode, also den Minuspol.

Mit Dioden lassen sich leicht Gleichrichterschaltungen aufbauen, mit denen sich Wechselstrom zu Gleichstrom umwandeln lässt.

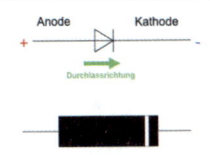

Schaltzeichen der Diode. Darunter ist der mit einem Ring gekennzeichnete Anodenanschluss einer typischen Diode zu sehen.

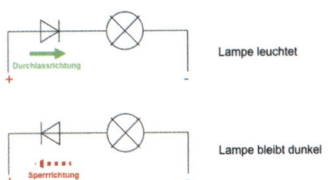

Lampe leuchtet

Lampe bleibt dunkel

Diode in Durchlass- und Sperrrichtung in einer Schaltung.

Bauelemente

Sie haben den Spaß, wir haben die Technik.

45 Netzwerkfestplatten (NAS)

Sie sehen genauso aus wie normale externe Festplatten, unterscheiden sich von ihnen aber durch ein kleines Detail: Sie sind netzwerkfähig. In vielen Haushalten ist bereits ein Computernetzwerk im Betrieb – denken Sie nur an das DSL-Modem und den daran angeschlossenen Rechner. Spannender wird es, wenn man im Heimnetzwerk mehr als einen PC betreibt. Denn oft sind die gerade benötigten Daten auf dem anderen Rechner, der aber nicht eingeschaltet ist. Hier helfen auch normale externe USB-Festplatten nur bedingt. Sie geben ihre Daten nur an den Computer weiter, an dem sie angeschlossen sind.

Netzwerkfestplatten übernehmen die Aufgabe eines zentralen Datenspeichers. Sie sind direkt im Netzwerk eingebunden und von jedem Rechner aus zugänglich. Das schließt eine mehrfache Nutzung einzelner Dateien auf mehreren PCs mit ein. Die Technologie dazu heißt Network Attached Storage (NAS). NAS-Lösungen arbeiten per LAN-Kabel oder WLAN. Es können sogar mehrere Festplatten zum Einsatz kommen. Neben der allgemeinen Datenzugänglichkeit kann NAS auch zur automatisierten Datensicherung herangezogen werden.

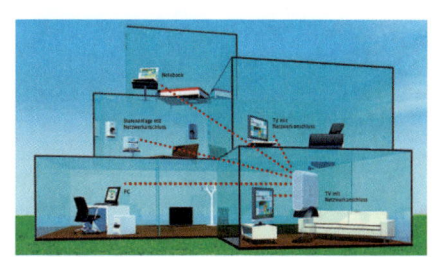

Filme, Fotos, Musik und alle anderen Dateien sind von jedem Ort aus abrufbar.

Computer & Office

Webcode: #33078

Sie haben den Spaß, wir haben die Technik.

46 Das richtige Kamerastativ

Welches Kamerastativ für Sie das richtige ist, wird von einer Reihe von Faktoren bestimmt – zuerst einmal davon, ob Sie es nur zum Fotografieren oder auch zum Videofilmen nutzen möchten.

Für schöne Filmaufnahmen muss das Stativ mit einem hochwertigen Gelenkkopf ausgestattet sein, der ruckelfreie Schwenks zulässt.

Weiter entscheidet das Kameragewicht. Für kleine und leichte Kameras reichen kompakte Stative völlig aus. Schwerere Spiegelreflexkameras, insbesondere mit langen Teleobjektiven, oder große Videokameras, erfordern weitaus stabilere Stative, die auch für höhere Gewichte ausgelegt sind.

Zuletzt muss das Stativ auch für Ihre Körpergröße passen. Kleine Stative erlauben mitunter nur eine Arbeitshöhe von unter 1,2 m. Sind Sie besonders groß, müssten Sie in unangenehmer gebückter Haltung filmen oder fotografieren.

Webcode: #15077

Multimedia

Sie haben den Spaß, wir haben die Technik.

47 Schutzklassen von Messgeräten

Elektrische Messgeräte (Multimeter) gibt es für verschiedene Sicherheitskategorien. Die CAT-Klassifizierung regelt den Einsatz der Messgeräte von einfachen Basteleien (CAT I) bis zum Freileitungsbau (CAT IV), wobei der Einsatz der Geräte ausschließlich in Niederspannungsnetzen bis maximal 1.000 Volt vorausgesetzt wird.

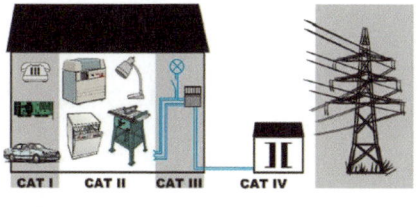

Einteilung der CAT-Klassen.

CAT-Klassen im Detail

CAT I	Elektronische Geräte; abgesicherte Schaltkreise in elektronischen Geräten.
CAT II	Steckdosen und lange Abzweigleitungen; alle Steckdosen, die mehr als 10 m von CAT III oder mehr als 20 m von CAT IV entfernt sind.
CAT III	Verteilerkästen; Speiseleitungen und kurze Zuleitungen; Steckdosen für große Lasten und kurze Zuführungsleitungen; Beleuchtungsanlagen in großen Gebäuden.
CAT IV	Im Freien und Zuführung der Versorgungskabel; Versorgungsleitungen vom Anschlusspunkt zum Gebäude; Freileitungen zu einzelnen Gebäuden; Erdkabel zu Wasserpumpen.

Werkzeug

Webcode: #41016

Sie haben den Spaß, wir haben die Technik.

48 NiMH-Akkus richtig pflegen

NiMH-Akkus werden am besten bei tiefen Temperaturen unter 20 °C aufbewahrt. Kalte Umgebung reduziert die Selbstentladung und die sogenannte Elektrodenkorrosion. NiMH-Akkus sollten niemals vollständig entladen aufbewahrt werden. Neue Nickel-Metallhydrid-Akkus sind bereits ab Werk zu rund 50 bis 60 % aufgeladen, womit die Zellenselbstentladung nur noch gering ist und mit sinkender Zellenspannung weiter abnimmt.

Auf diese Weise lassen sich lange Lagerzeiten realisieren. Es ist egal, ob ein NiMH-Akku voll oder nur teilweise aufgeladen aufbewahrt wird. Nicht voll geladene Akkus stellen nach längerer Lagerdauer nach dem ersten Laden sofort wieder die volle Spannung und Kapazität bereit.

Modellbau & Modellbahn

Sie haben den Spaß, wir haben die Technik.

49 Richtige Kühlschranktemperatur ermitteln

Kennen Sie das auch? Sie nehmen etwas aus dem Kühlschrank, und es fühlt sich irgendwie nicht so richtig kalt an. Oder das Gegenteil: Ist es Ihnen auch schon passiert, dass einzelne Lebensmittel im normalen Kühlfach gefroren wurden?

Beides sind eindeutige Hinweise auf eine unzureichend eingestellte Kühlschranktemperatur. Die ideale Kühltemperatur liegt bei +5 °C. Doch wie soll man sie einstellen, wenn der Kühlschrank nur ein simples Stellrad hat? Hier helfen Kühlschrankthermometer, die im Inneren des Kühlschranks aufzuhängen sind. Sie zeigen nicht nur die gerade herrschende Innentemperatur an, sondern haben auch Symbole, mit denen sie auf die korrekte Kühltemperatur hinweisen.

Diese erreicht man, indem man das Stellrad so lange verstellt, bis die richtige Temperatur erreicht ist. Da es sich dabei um sehr langsame Vorgänge handelt, können dafür mehrere Tage erforderlich sein.

Der Lohn: wohlschmeckenderes Essen und längere Haltbarkeit bei optimiertem Stromverbrauch und somit geringsten Energiekosten!

Energie

Sie haben den Spaß, wir haben die Technik.

50 Fernglas mit Digitalkamera

Ferngläser sind für Naturbeobachtungen ein unverzichtbares Hilfsmittel, besonders wenn es um Tierbeobachtungen geht. Aber auch Bergsteiger in steilen Felswänden lassen sich so gut beobachten – um nur einige wenige Beispiele aufzuzählen.

Das Tolle daran, man ist hautnah am Geschehen und entdeckt viele Details, die mit normalem Auge nicht sichtbar wären. Wer hat da nicht schon davon geträumt, gerade diesen einen faszinierenden Augenblick dauerhaft festhalten zu können? Digitalkameras sind dazu leider nur unzureichend in der Lage.

Genau für diese Zwecke gibt es Ferngläser mit eingebauter Digitalkamera. Sie vereinen die Vorteile beider Geräte in einem gemeinsamen Gehäuse. Damit sind selbst weit entfernte Objekte und Landschaften zum Greifen nahe. Beobachtungen können gleichzeitig fotografiert oder gefilmt werden. Gespeichert wird auf eine SD-Karte oder in den eingebauten Speicher. In Ferngläser eingebaute Digitalkameras haben eine Auflösung von rund 2 Millionen Pixeln.

Ferngläser mit eingebauter Digitalkamera erlauben, das gerade Gesehene sofort zu fotografieren oder sogar zu filmen (Best.-Nr.: 6715 90).

Hobby

Sie haben den Spaß, wir haben die Technik.

51 Auto-Navigeräte richtig montieren

Navigationstechnik ist aus der heutigen mobilen Welt nicht mehr wegzudenken. Insbesondere mobile Geräte, die an einem Schwanenhals an der Windschutzscheibe montiert sind, erfreuen sich größter Beliebtheit, zum einen, weil sie oft eine bessere grafische Darstellung bieten als fest in den Fahrzeugen eingebaute Systeme, aber auch weil sie in anderen Fahrzeugen genutzt werden können.

Auto-Navis müssen so an der Windschutzscheibe montiert werden, dass sie die Sicht durch die Windschutzscheibe nicht behindern. Daher sind sie sehr tief unten zu befestigen. Aus der Sicht des Fahrers sollte das Navi etwa den vorderen Bereich der Motorhaube abdecken und dennoch freie Sicht zu allen Seiten und Ecken zulassen.

Die niedrige Befestigung erlaubt zudem, dass man das Navi ständig im Augenwinkel hat – egal ob man gerade durch die Windschutzscheibe oder auf das Armaturenbrett schaut.

Die nicht die Sicht behindernde Montage des Navis ist besonders bei Reisen in die Schweiz wichtig, da das Navi dort nicht die Sicht auf das Verkehrsgeschehen beeinträchtigen darf.

Webcode: #35065

1 Auto

Sie haben den Spaß, wir haben die Technik.

52 Energiesparlampen dimmbar?

Heute übliche Energiesparlampen sind nichts anderes als Leuchtstoffröhren im Miniformat. Die meisten Modelle sind für Volllastbetrieb ausgelegt und nicht dimmbar. Soll die Helligkeit von Energiesparlampen mit einem Dimmer geregelt werden, müssen dafür dimmbare Lampen angeschafft werden.

Dabei sind entsprechende Hinweise, zum Beispiel auf der Verpackung, zu beachten. Dimmbare Energiesparlampen sind zudem deutlich teurer als einfache Modelle, können aber mit fast jedem herkömmlichen Drehdimmer gedimmt werden. Sie sind nicht für Digital-Dimmer, Touch-Dimmer und Dimmer mit Fernbedienung geeignet.

Haus & Garten

Sie haben den Spaß, wir haben die Technik.

53 Der Keramikkondensator

Der Keramikkondensator ist ein weiteres elementares Elektronikbauteil. Ihn gibt es in zwei Ausführungen. Die einfachere Variante ist der kleine, runde, flache Keramikkondensator. Er ist verpolungssicher. Kapazitäten werden in der SI-Einheit Farad angegeben. Die Beschriftung des Keramikkondensators erfolgt mit einem Zahlencode. Ein Beispiel: 104 bedeutet 10 mal 10 hoch 4, also 100.000 pF (Picofarad).

Schaltzeichen eines Keramikkondensators.

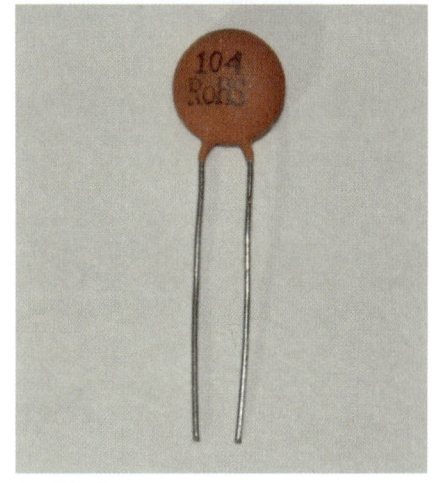

Bauelemente

Keramikkondensator

Sie haben den Spaß, wir haben die Technik.

54 USB-Stick: unendlich vielfältig

USB-Sticks sind klein und handlich und überall mit dabei. Ihr Datenspeichervolumen ist durchaus beachtlich und fasst derzeit bis zu 64 GByte. Damit lassen sich auf ihm rund 15.000 Fotos speichern, die mit einer 12-Millionen-Pixel-Kamera in höchster Auflösung geschossen wurden. Aber auch sechs bis zehn Spielfilme in HD-Qualität finden darauf Platz.

Die meisten aktuellen HD-Sat-Receiver erlauben das Aufzeichnen von TV-Sendungen auf externen USB-Speichermedien. Meist denkt man dabei an die externe Festplatte. Komfortabler und weitaus unauffälliger ist der Einsatz eines USB-Sticks. Sein Vorteil: Er ist in Sekundenschnelle angedockt und kann ebenso schnell auf anderen Geräten weiterverwendet werden. Damit können TV-Mitschnitte schnell am PC weiterverarbeitet werden.

USB-Sticks erlauben es auch, extrem schnell Fotos oder eigene Videos auf den Fernseher zu bringen. Denn viele aktuelle TV-Geräte haben bereits eine USB-Schnittstelle eingebaut.

Für welche Einsatzgebiete sich ein USB-Stick eignet, hängt nicht nur von seiner Speicherkapazität ab. Entscheidend ist auch seine Lese- und Schreibgeschwindigkeit. Letztere ist besonders wichtig, wenn auf den Stick TV-Sendungen aufgezeichnet werden. Die Schreibgeschwindigkeit einfacher Sticks liegt bei rund 3 MBit/s, die guter Sticks bei bis zu 18 MBit/s.

Webcode: #16002

Computer & Office

Sie haben den Spaß, wir haben die Technik.

55 Schöne Bilder auf digitalen Bilderrahmen

Damit die auf digitalen Bilderrahmen wiedergegebenen Bilder auch wirklich schön anzuschauen sind, gilt es, einige Details zu beachten:

1. Auflösung
Einfache digitale Bilderrahmen lösen nur mit 432 x 234 Pixeln auf und sind somit nicht übermäßig scharf. Je höher die Auflösung ist, umso detailreicher sind die wiedergegebenen Fotos. Gute Standardware liefert 800 x 600 Pixel und damit bereits rund fünfmal schärfere Bilder als simple Einsteigermodelle. Hochwertige Bilderrahmen sorgen mit 1.024 x 768 Pixeln bereits für extrascharfe Bilder.

2. Bildformat
Digitalkameras fotografieren in verschiedenen Bildformaten. Kompaktkameras nutzen in der Regel 4:3, was dem alten TV-Format entspricht. Spiegelreflexkameras knipsen Fotos entsprechend dem Seitenverhältnis des klassischen Papierfotos im Format 2:3. Dann gibt es noch das 16:9-Format, das von neuen TV-Bildschirmen bekannt ist. Um am Bilderrahmen schwarze Balken zu vermeiden, sollten die auf ihm wiedergegebenen Bilder das gleiche Format haben wie der digitale Bilderrahmen. Liegen die Originalfotos in anderen Formaten vor, können sie mit Bildbearbeitungssoftware auf das benötigte Format zurechtgeschnitten und unter neuem Namen gespeichert werden.

Webcode: #15073

Multimedia

Sie haben den Spaß, wir haben die Technik.

56 Stromlos löten

Gaslötkolben sehen etwa so aus wie übergroße Textmarker und werden mit Gas betrieben. Je nach Modell liefern sie eine Leistung zwischen 10 und 125 W. Gaslötkolben werden mit Butangas betrieben.

Vor der ersten Inbetriebnahme muss der Lötkolben befüllt werden. Offenes Feuer oder etwa Zigaretten haben dabei nichts verloren. Zum Befüllen ist je nach Modell zuerst die Gaszufuhr zur Lötkolbenspitze zu deaktivieren. Anschließend ist der Gaslötkolben senkrecht so zu halten, dass das Füllventil von oben zugänglich ist. Nun ist nur noch der Gasnachfüllbehälter aufzusetzen. Da Butangas schwerer als Luft ist, sinkt es von selbst nach unten. Sobald man etwas Gas riecht, ist der Lötkolben voll befüllt. Eine Gasfüllung reicht für rund 40 bis 60 Minuten löten.

Gaslötkolben haben einen piezoelektrischen Zünder eingebaut. Da bei Gaslötkolben kaum ein Fingerabrutschschutz vorhanden ist, ist beim Löten besonders auf die Finger zu achten. In der Nähe der Gasausströmöffnungen direkt hinter der Lötspitze strömt bis zu 580 °C heißes Gas aus.

Gaslötkolben können keinen herkömmlichen elektrischen Lötkolben ersetzen. Sie eignen sich für kleine Reparaturen an Orten ohne Stromanschluss.

Webcode: #11048

Werkzeug

Sie haben den Spaß, wir haben die Technik.

57 Problemfall: Steckdose hinter Möbeln

Plant man die Elektroinstallation für das eigene Haus, hat man meist noch keine genaue Vorstellung davon, wie die einzelnen Räume möbliert werden. Selbst wenn man meint, alle Eventualitäten berücksichtigt zu haben, wird man damit konfrontiert werden, dass einzelne Steckdosen, die man so dringend gebraucht hätte, hinter Möbeln verschwinden. Normale Stecker ragen rund 3 cm aus der Steckdose heraus. Zu viel, um das Möbel bis zur Wand schieben zu können.

Für Abhilfe sorgen spezielle Flachstecker. Sie sind nur 5 mm dick und ragen so kaum aus der Steckdose heraus. Sie bestehen aus dem Steckergesicht, das in die Steckdose gesteckt wird, und dem rückwärtigen Gehäuse, das um 90° gedreht werden kann.

Damit wird das vom Flachstecker abgehende Kabel nach unten, oben oder zur Seite abgeführt. Flachstecker gibt es in verschiedenen Ausführungen, unter anderem mit einer Mehrfachsteckdosenleiste am anderen Kabelende. Damit lassen sich unauffällig mehrere Geräte anschließen.

Haus & Garten

Ein Flachmann-Winkelstecker erlaubt es, hinter Möbeln befindliche Steckdosen zu nutzen (Best.-Nr.: 61 14 87).

Sie haben den Spaß, wir haben die Technik.

58 Welches Stoßdämpferöl?

Stoßdämpferöle werden in zahlreichen Viskositäten angeboten. Sie werden durch die gut sichtbare Viskositätszahl gekennzeichnet. Übliche Viskositäten sind 50, 100, 200, 300, 400, 500, 600, 800, 1.000 und 1.200. Dünnflüssige Öle mit geringer Viskosität werden auch als weich, dickflüssige Öle als hart bezeichnet. Öle mit besonders hoher Viskosität, wie etwa 1.200, werden auch als extrem hart klassifiziert.

Auf vorwiegend glatten Straßen empfiehlt sich ein zähflüssiges Stoßdämpferöl mit hoher Viskosität. Im Gelände dagegen sollte ein dünnflüssigeres Öl mit geringer Viskosität verwendet werden.

Herkömmliche Motoröle haben in RC-Stoßdämpfern nichts verloren. In ihnen sollten ausschließlich reine Silikon-Dämpferöle zum Einsatz gelangen, die auch im Modellbaufachhandel angeboten werden.

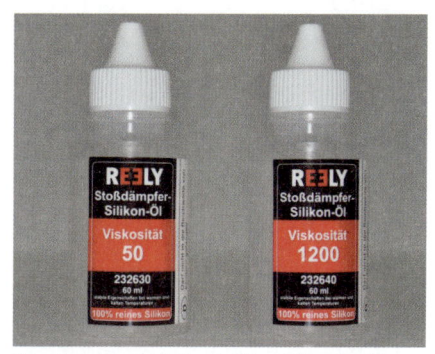

Kleine Auswahl an Modellbau-Stoßdämpferölen. Dünnflüssige Öle erkennt man an der geringen, dickflüssige an der hohen Viskositätszahl.

Modellbau & Modellbahn

Sie haben den Spaß, wir haben die Technik.

59 Woraus besteht eine Solaranlage?

Solarmodul

Es wandelt das Sonnenlicht in elektrische Energie um. Die Leistung eines Solarmoduls wird in Wp (Watt peak) angegeben. Womit die Leistungsabgabe unter optimalen Bedingungen ausgedrückt wird. Für eine unabhängig arbeitende Insel-Solaranlage soll das Solarmodul zumindest 50 Wp haben.

Laderegler

Er ist die Schaltzentrale zwischen Solarzelle und Solarakku. Er verhindert ein überladen und eine Tiefentladung. An ihm sind auch alle Verbraucher angeschlossen.

Solarakku

Solarakkus sind robuster als Autobatterien. Sie haben eine höhere Zyklenzahl und eine geringere Selbstentladung. Die Akkumindestgröße in einer Inselanlage beträgt 80 Ah.

Wechselrichter

Er wird nur benötigt, wenn mit der Solaranlage 230-V-Verbraucher, wie ein TV-Gerät, Sat-Receiver und dergleichen betrieben werden sollen. Der Wechselrichter wandelt die 12 V Gleichspannung in 230 V Wechselspannung um.

12-V-Gleichstrom-Beleuchtungskörper können direkt am Laderegler angeschlossen werden.

Webcode: #32018

Energie

Sie haben den Spaß, wir haben die Technik.

60 LED-Taschenlampe

Taschenlampen dienten immer schon dazu, Licht zu haben, wenn keine andere Beleuchtungsquelle mehr zur Verfügung steht. Über Jahrzehnte hinweg arbeiteten Taschenlampen mit kleinen Glühlampen. Sie verbrauchten viel Strom und sorgten dafür, dass die Batterie schnell leer war. Da man zudem meist vergaß, alte Batterien auszutauschen, versagten alte Taschenlampen meist dann, wenn man sie am dringendsten brauchte.

LED-Taschenlampen sorgen nicht nur für helleres Licht, sie benötigen auch nur einen Bruchteil an Energie. Selbst kleine LED-Taschenlampen bringen es auf eine Leuchtdauer von fünf bis zehn Stunden. Gute Modelle, die meist ebenfalls nur mit kleinen Mignon-Batterien betrieben werden, bringen es auf bis zu 60 Stunden. Da ist die Wahrscheinlichkeit groß, dass man mit ihnen auch wirklich Licht hat, wenn man es braucht.

Hobby

Sie haben den Spaß, wir haben die Technik.

Diebstahlschutz und Abschreckung

Alljährlich werden in Deutschland an die 20.000 Autos gestohlen. Für die Bestohlenen bedeutet dies, abgesehen vom finanziellen Schaden, eine Menge Ärger, zeitaufwendige Behördengänge und lästigen Schriftverkehr mit der Versicherung.

Das alles wäre nicht nötig. Denn Autos lassen sich kostengünstig mit hoch effizienten Alarmanlagen nachrüsten. Sie werden per Fernsteuerung aktiviert und machen mit einer lautstarken Sirene auf unberechtigte Zugriffe aufmerksam. Sie schreckt potenzielle Diebe ab und schlägt sie in die Flucht.

Für Abschreckung sorgen auch große, stabile Lenkradkrallen, die das Steuern des Fahrzeugs unmöglich machen. Wird versucht, sie unberechtigt zu entfernen, schlagen sie ebenfalls mit einer ohrenbetäubenden Sirene, unterstützt durch ein blinkendes Stroboskoplicht, Alarm. Allein die Tatsache, dass eine von außen allseits gut sichtbare Lenkradkralle montiert ist, hilft, potenzielle Diebe abzuschrecken.

Webcode: #13077

Sie haben den Spaß, wir haben die Technik.

Heizungssteuerung per Funk

Heizkosten lassen sich nicht nur sparen, indem man die Heiztemperatur zurückdreht und es nicht mehr wirklich gemütlich hat. Intelligente Heizungssteuerungen bieten Alternativen. Sie lassen sich ohne irgendwelche Installationsarbeiten sogar bequem nachrüsten. Dazu gibt es funkgesteuerte Systeme, wie etwa HomeMatic, die neben einem batteriebetriebenen Wandthermostat aus Funkventilköpfen bestehen, die lediglich gegen die alten am Heizkörper auszutauschen sind.

Die Funksteuerung ermöglicht die Heizkörperregelung für jeden einzelnen Raum nach persönlichen Wünschen und Nutzgewohnheiten. Durch für jeden Wochentag getrennt programmierbare Tages- und Nachtprogramme lässt sich die Heizung optimal abstimmen.

Haus & Garten

Jedes Thermostat kann bis zu vier Stellantriebe steuern. Daneben lässt es sich mit ebenfalls funkgesteuerten Tür-Fenster-Kontakten kombinieren, was ein besonders effizientes Lüften erlaubt.

Spannend auch: Eine Funkheizungssteuerung lässt sich nach und nach zur kompletten, alle Bereiche umfassenden Haussteuerungsanlage erweitern. Das schafft nicht nur Komfort, sondern senkt auch die Energiekosten.

Funkgesteuerte Ventilköpfe lassen sich mit wenigen Handgriffen nachrüsten. Sie bilden den Grundstock zur komfortablen Funkheizungssteuerung.

Sie haben den Spaß, wir haben die Technik.

63 Der Elektrolytkondensator

Der Elektrolytkondensator (Elko) ist größer als der Keramikkondensator. Er hat einen zylindrischen Körper und ist polrichtig einzubauen. Der Minuspol ist am Gehäuse mit einem weißen seitlichen Streifen, der ein Minuszeichen enthält, gekennzeichnet.

Schaltzeichen eines Elektrolytkondensators.

Der Minuspol hat zudem einen kürzeren Anschlussdraht. Wird der Elko mit falscher Polung in eine Schaltung eingebaut, wird er zerstört, wobei er sogar explodieren kann. Die Beschriftung erfolgt in Klartext.

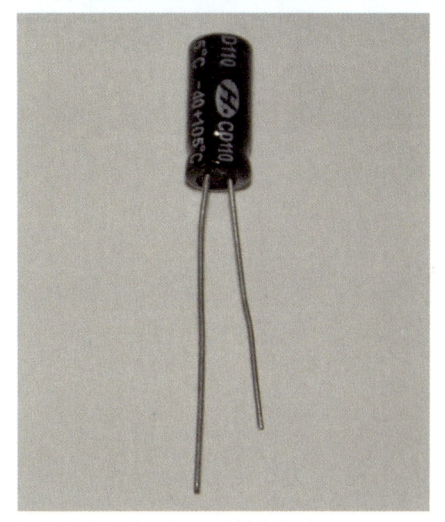

Bauelemente

Der Elektrolytkondensator ist polrichtig einzubauen.

Sie haben den Spaß, wir haben die Technik.

64 Zweites Leben für die Festplatte

Kennen Sie das auch? Die in Ihrem Rechner eingebaute Festplatte ist zum Bersten voll und schreit nach einer größeren. Nachdem Festplatten mit immer größer werdenden Speicherkapazitäten für kleines Geld angeboten werden, fällt es leicht, die alte Platte gegen eine neue auszutauschen.

Doch was mit der alten Platte tun? Wie wäre es, sie in wenigen Arbeitsschritten in ein Festplattengehäuse einzubauen? Sie können sie dann als ganz normale externe Festplatte weiter nutzen, zum Beispiel zur Datensicherung oder um nur selten benötigte Dateien auf sie auszulagern. Weiter praktisch: Sie können sie an allen Rechnern im Haushalt oder bei Freunden nutzen und so auch auswärts Ihre Urlaubsfotos bequem präsentieren.

Festplattengehäuse gibt es in zahlreichen Ausführungen für alle erdenklichen Festplattentypen.

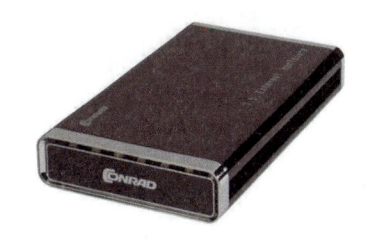

Festplattengehäuse.

Webcode: #16070

Computer & Office

Sie haben den Spaß, wir haben die Technik.

65 Filmen mit der digitalen Fotokamera?

Mit digitalen Fotokameras kann man längst auch schon filmen und mit Videokameras Fotos schießen. Kann eine digitale Fotokamera die Videokamera ersetzen? Immerhin filmt sie, je nach Modell, auch schon in HD. Dennoch gibt es zahlreiche Unterschiede zwischen beiden Kameratypen.

- Fotokameras filmen meist nur mit der halben HD-Auflösung von 1.280 x 720 Pixeln, während echte Videokameras mit 1.920 x 1.080 Pixeln doppelt so scharf sind.

- Fotokameras stellen vor der Aufnahme die Schärfe und die Belichtung ein. Für Filmaufnahmen gilt das Gleiche. Schwenkt man von einer dunklen Szene zu einer helleren, wird diese zwangsläufig hoffnungslos überbelichtet und umgekehrt. Ändert sich der Abstand des gefilmten Objekts, wird dieses unscharf. Videokameras passen sich während der Aufnahme den Gegebenheiten an und regeln laufend nach.

- Fotokameras erlauben während des Filmens meist auch keine Zoomfahrten, daher muss man mit fester Brennweite arbeiten. Digitalkameras bieten in der Regel keinen Bildstabilisator, womit Aufnahmen ziemlich verwackelt werden.

- Schließlich zeichnen Fotokameras den Ton meist nur in schlechtem Mono auf.

Damit ist die Filmfunktion bei Fotokameras zwar eine nette Zusatzfunktion, kann aber nicht annähernd eine echte Videokamera ersetzen.

Multimedia

Webcode: #15074

Sie haben den Spaß, wir haben die Technik.

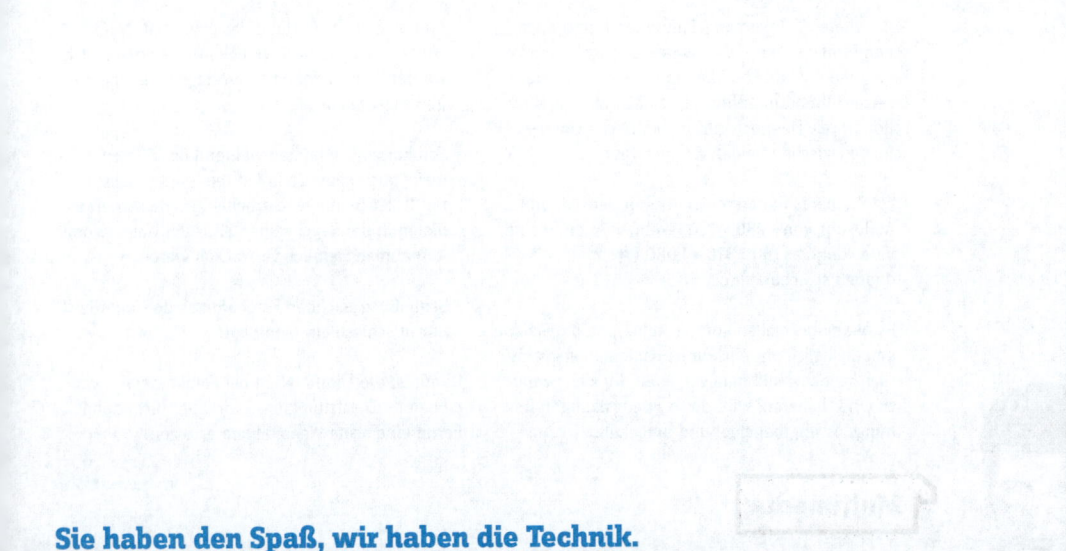

66 Welches Multimeter?

Bei der Wahl des richtigen Multimeters muss man sich darüber im Klaren sein, was man damit messen will. Denn bereits bei den Basisaufgaben, dem Messen von Strömen und Spannungen, unterscheiden sich die Geräte. Ein universell einsetzbares Multimeter sollte jedenfalls Gleich- und Wechselspannungen und -ströme erfassen, wobei der maximale Messbereich von Wechselspannungen rund 500 V betragen sollte. Damit kann man mit ihnen beispielsweise auch die Spannung an Drehstromsteckdosen messen. Sehr nützlich sind auch Widerstands- und Durchgangsmessungen, weil sich damit unter anderem Leitungsbrüche feststellen lassen. Viele Geräte beherrschen auch Kapazitäts- und Frequenzmessungen.

Vermehrt erfassen Multimeter auch nicht elektrische Größen, wie Temperaturen, Lichtstärke, Schalldruck und Luftfeuchtigkeit. Für den Kfz-Bereich werden spezielle Geräte angeboten, mit denen sich Schließwinkel und Motordrehzahl ermitteln lassen.

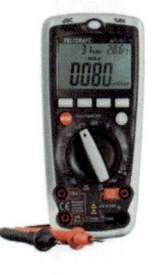

Digital-Multimeter Voltcraft MT-52 (Best.-Nr.: 12 29 00).

Werkzeug

Webcode: #11036

Sie haben den Spaß, wir haben die Technik.

67 Wo sind links und rechts?

Mit einem Auto selbst zu fahren und ein RC-Modell fernzusteuern, sind zwei grundlegend unterschiedliche Tätigkeiten. Möchten Sie mit dem Auto nach rechts fahren, müssen Sie immer nach rechts lenken.

Steuern Sie ein RC-Modell, sind Sie sozusagen Zuseher, der das Modell mal von vorne, mal von hinten oder von der Seite sieht. Das erfordert ein ständiges Umdenken darüber, in welche Richtung die Steuerknüppel zum Kurvenfahren oder Kurvenfliegen auszulenken sind.

Nur wenn sich das Modell von Ihnen weg bewegt, ist es genau so zu steuern, wie Sie es vom Autofahren gewohnt sind.

Kommt es Ihnen entgegen, müssen Sie für eine Rechtskurve nach links und somit gegensinnig lenken – was ein sofortiges Umdenken erfordert. Einfacher geht's, wenn Sie sich statt links oder rechts Bewegungen entgegen dem Uhrzeigersinn und im Uhrzeigersinn einprägen. Das ist leichter zu merken und lässt sich in jeder Situation gleichermaßen anwenden.

Besonders Anfängern fällt es schwer, RC-Modelle stets richtig zu lenken. Mit der Gedankenhilfe „im oder entgegen dem Uhrzeigersinn" geht's leichter.

Modellbau & Modellbahn

Sie haben den Spaß, wir haben die Technik.

68 Ein indirekter Blitzschlag kann jeden treffen

Egal ob Ihr Haus über ein Erdkabel oder über eine Freileitung ans öffentliche Stromnetz angeschlossen ist: Ein indirekter Blitzschlag kann Sie immer treffen. Dazu reicht bereits ein Blitzschlag in rund 2 km Entfernung aus. Er sorgt für sehr kurze Impulse mit besonders hoher Stromstärke von bis zu mehreren Tausend Ampere. Sie sind meist zu kurz, um von unseren Sicherungsautomaten erkannt zu werden. Falls sie überhaupt auslösen, dann meist zu spät. Bis dahin können empfindliche elektronische Geräte, wie Computer, Receiver, Fernseher, Hi-Fi- und Telefonanlagen, bereits ernsthaft beschädigt worden sein. Reparaturkosten von deutlich über 1.000 Euro sind dabei keine Seltenheit.

Davor kann man sich schützen, indem man rechtzeitig mit Überspannungsschutz versehene Mehrfachsteckdosen benutzt. An ihnen sind alle empfindlichen Geräte anzuschließen.

Bei der Wahl der mit Überspannungsschutz versehenen Steckdosenleiste ist besonders auf den Ableitstrom zu achten; er wird in kA angegeben. Je höher er ist, umso besser sind die angeschlossenen Geräte geschützt. Gute Modelle schaffen bis rund 93 kA und sind gegenüber solchen mit nur rund 5 bis 10 kA zu bevorzugen.

Webcode: #32007

Haus & Garten

Sie haben den Spaß, wir haben die Technik.

69 Werkzeugakku reparieren

Kein Akku hält ewig. Was umso mehr schmerzt, wenn der schon etwas ältere Akkuschrauber oder die Akkuheckenschere doch ansonsten so gut funktionieren würde. Hat ein Originalakku das Ende seiner Lebenszeit erreicht, sorgt er im geladenen Zustand höchstens noch für wenige Minuten Betrieb. Für viele auch ältere Geräte werden Ersatzakkus angeboten, die die Maschine wieder laufen lassen.

Wird man nicht fündig, kann man den alten Akku selbst reparieren. In ihm befinden sich meist nur normale NiMH-Akkuzellen in Standardgrößen, die miteinander verlötet sind. Beim Einbau neuer Zellen sind stets alle alten zu ersetzen. Vor deren Einbau ist die Beschaltung der alten Zellen zu beachten.

Zum Teil kann man auf bereits verlötete Zellenblöcke zurückgreifen, die den Akkutausch weiter erleichtern. Wird der gleiche Akkutyp, also etwa NiMH, eingebaut, kann auch das alte Ladegerät weiterverwendet werden. Die Kapazität der Zellen ist dabei nebensächlich. Alle verbauten Zellen müssen lediglich die gleiche Kapazität haben, vom gleichen Hersteller stammen und das gleiche Modell sein.

Webcode: #31004

1 Energie

Sie haben den Spaß, wir haben die Technik.

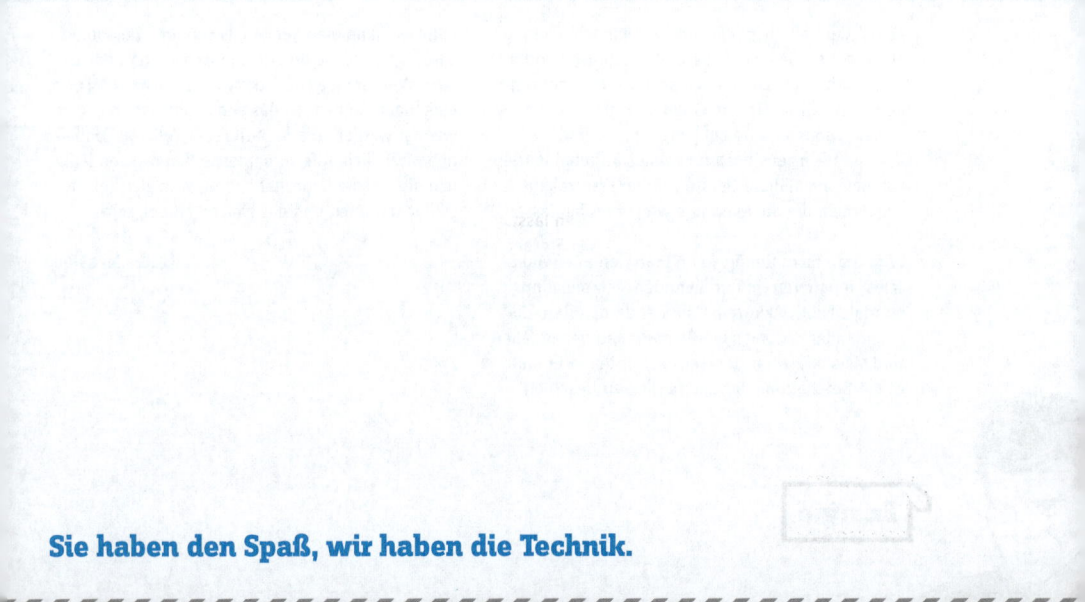

70 Sternstunden

Der Blick in die Sterne fasziniert die Menschen seit Jahrtausenden. Mit einem Teleskop wird bereits der Blick zum Mond zu einer spannenden Entdeckungsreise über wilde Kraterlandschaften.

Damit ein Teleskop auch wirklich Spaß macht, sollte es ein stabiles Stativ haben, das sich auf eine der Körpergröße angepasste Höhe einstellen lässt. Da sich, so wie die Sonne, auch der ganze Sternenhimmel bewegt, sollte das Teleskop feinfühlig und ruckelfrei nachführbar sein. Ansonsten läuft man Gefahr, das beobachtete Objekt zu verlieren. Neben manuell einzustellenden Teleskopen gibt es auch solche mit einer automatischen Nachführung.

Diese haben in einer Datenbank bereits weit über 1.000 Sterne einprogrammiert, die auf Knopfdruck automatisch angesteuert werden. Das ist nicht nur bequem, sondern lässt den Einsteiger auch schnell zu ersten Erfolgen kommen.

Hobby

Spiegelteleskop (Best.-Nr.: 67 04 05).

Sie haben den Spaß, wir haben die Technik.

71 Tempomat nachrüsten

Wer einmal ein Auto mit automatischer Geschwindigkeitsregelung gefahren ist, wird kaum mehr darauf verzichten wollen. Ein Tempomat harmonisiert nicht nur bei Fahrzeugen mit Automatikgetriebe, sondern auch mit all jenen mit normalem Schaltknüppel.

In vielen Fahrzeugen, auch in älteren gebrauchten Modellen, lässt sich ein Tempomat nachrüsten. Er schafft eine weitaus höhere Bequemlichkeit, da insbesondere während längerer Fahrten der rechte Fuß entlastet wird und jede dem Fahrer gerade angenehme Position einnehmen kann.

Der Tempomat sorgt für eine konstante Reisegeschwindigkeit und somit eine konstante Motorbelastung. Diese wirkt sich positiv auf den Treibstoffverbrauch aus, womit sich einiges an Geld sparen lässt.

Schließlich ist es auch einfach bequem, die Geschwindigkeit über einen Hebel am Lenkrad zu beschleunigen oder zu reduzieren.

Geschwindigkeiten lassen sich kilometergenau einstellen und werden auch beim Bergauf- und Bergabfahren konstant gehalten.

Webcode: #13075

1 Auto

Sie haben den Spaß, wir haben die Technik.

72 Intelligente Hausautomatisation

Einfache Hausautomationssysteme arbeiten stets nur von befehlsausgebenden zu befehlsempfangenden Geräten. Eine Rückmeldung erfolgt nicht. Damit beschränken sie sich auf einfache Funktionen.

Das HomeMatic-Haussteuerungssystem ist eines der modernsten und komfortabelsten seiner Art. Es basiert auf einer Zweiwegekommunikation zwischen allen Geräten, damit erfolgt stets eine Rückmeldung, ob ein Befehl auch wirklich ausgeführt wurde. Das schafft die Basis für ineinandergreifende automatisierte Arbeitsabläufe.

Intelligente Haussteuerungssysteme wie HomeMatic steuern Haushalts- und Elektrogeräte, übernehmen die Licht- und Heizungssteuerung, erlauben eine Türschloss- und Fensterautomatisation und binden Umweltsensoren mit ein.

Selbstverständlich erlauben intelligente Haussteuerungen auch die manuelle Steuerung aller am System angeschlossenen Komponenten – und zwar bequem per Funk.

Intelligente Haussteuerungen machen nicht nur das Leben komfortabler, sie helfen auch, Strom und Heizkosten zu sparen, weil sie durch automatisierte Abläufe beträchtlich dazu beitragen, Energie einzusparen, ohne dass man es merkt.

Webcode: #42002

Haus & Garten

Sie haben den Spaß, wir haben die Technik.

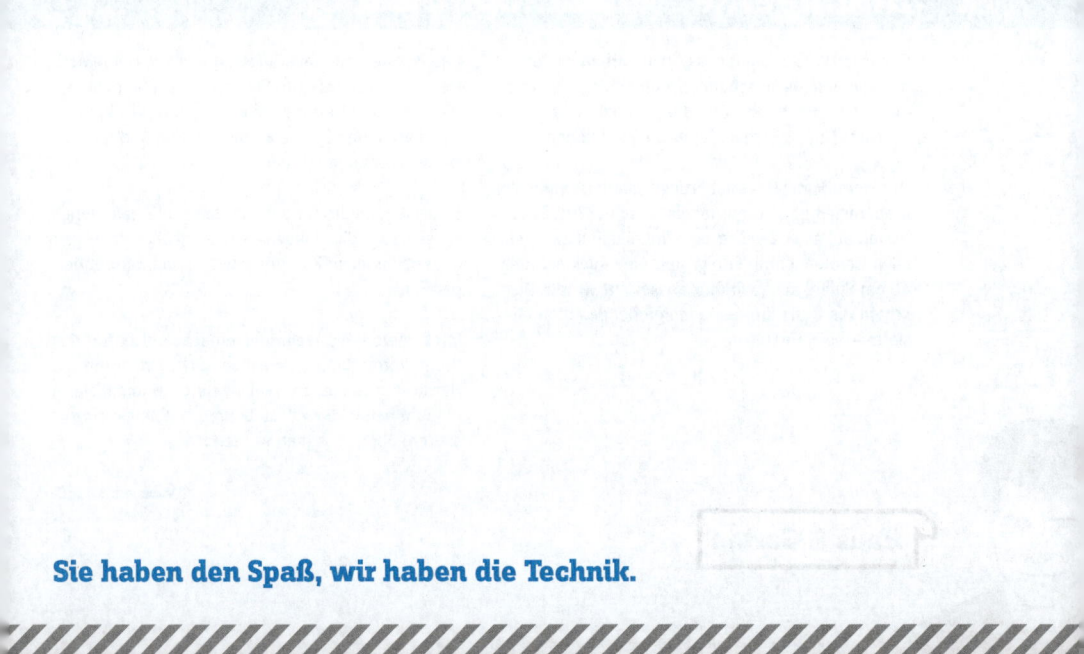

73 Automatisieren mit Dämmerungsschalter

Dämmerungsschalter werden in der Regel dazu eingesetzt, Außenbeleuchtungen mit einsetzender Dunkelheit automatisch ein- und mit der Morgendämmerung wieder auszuschalten. Der Dämmerungswert ist bei vielen Dämmerungsschaltern einstellbar, womit sich bestimmen lässt, ab welchem Helligkeitswert Verbraucher geschaltet werden sollen.

Neben Licht lassen sich mit Dämmerungsschaltern auch andere Verbraucher automatisiert schalten, etwa der Springbrunnen im Garten, der ja nur spritzen muss, wenn man davon auch etwas sieht. Mit Dämmerungsschaltern können sich auch Jalousien selbsttätig herunter- und hochfahren lassen.

Damit kann man gleich zwei Fliegen mit einer Klappe schlagen: Einmal lässt sich so die eigene Anwesenheit vortäuschen, womit potenzielle Einbrecher abgeschreckt werden können. Zudem wird auch Energie gespart, weil bei heruntergelassenen Jalousien in Winternächten keine Wärme nach außen entweichen kann.

Webcode: #31033

Bauelemente

Sie haben den Spaß, wir haben die Technik.

74 Eigene Blu-rays brennen

Blu-ray-Player sind, genauso wie in HD aufzeichnende Kameras, bereits in vielen Haushalten zu finden. Da ist der Wunsch freilich groß, die eigenen Filme auch in HD am Fernseher ansehen zu können, ohne dafür an ihm die Kamera anschließen zu müssen.

Bequemer ist es, sich seine eigenen Blu-rays zu brennen. Alles was man dazu braucht, ist ein Blu-ray-Brenner, der einfach im Standrechner anstatt des alten DVD-Brenners einzubauen ist. Für Notebook-User gibt es auch USB-Blu-ray-Brenner.

Blu-ray-Brenner sind multifunktionell und brennen auch DVD- und CD-ROM-Rohlinge. Von besonderem Vorteil: Blu-ray-Discs haben ein sehr großes Speichervermögen. Damit lassen sich nicht nur platzsparend und bequem nutzbar eigene Videos und Fotos archivieren, mit ihnen ist es auch möglich, in HD ausgestrahlte TV-Sendungen ebenfalls in HD auf Disc zu brennen. Selbstverständlich nehmen sie auch alle anderen Arten von Dateien auf.

Webcode: #36008

Computer & Office

Sie haben den Spaß, wir haben die Technik.

75 Filter schützen teure Optiken

Spiegelreflexkameras sind oft mit teuren und hochwertigen Objektiven bestückt. Sie gilt es besonders zu schützen, und zwar vor fettigen Fingern, Regentropfen, Staub und so weiter. Eine einmal in Mitleidenschaft gezogene vordere Objektivlinse lässt sich nicht wieder reparieren, sondern muss für teures Geld in einer Reparaturwerkstatt gegen eine neue ausgetauscht werden.

Sogenannte UV- oder Skylight-Filter sind einfache Vorsatzlinsen, die auf das Objektiv aufgeschraubt werden. Damit stellen sie den idealen Objektivschutz dar.

Sind Filter beispielsweise zerkratzt, brauchen sie nur ausgetauscht zu werden, was man selbst binnen weniger Sekunden bewerkstelligen kann. Zudem kosten solche Filter nur einen Bruchteil dessen, was man für eine Objektivreparatur ausgeben müsste.

Solche Filter können aber noch mehr! Sie filtern überschüssige UV-Strahlen aus dem Sonnenlicht heraus und sorgen für Fotos mit schöneren Farben und so richtig schön blauem Himmel.

Webcode: #25095

Multimedia

Sie haben den Spaß, wir haben die Technik.

76 Gestalten oder reparieren Sie Ihre eigene Uhr

Selbst gebastelte Uhren stellen ein individuelles Geschenk dar oder lassen sich perfekt an die eigene Wohnung anpassen, wobei sich die eigene Kreativität nur auf die Gestaltung des Gehäuses und des Zifferblatts zu beschränken braucht. Uhrwerke gibt es in verschiedenen Ausführungen mit und ohne Melodie und sogar für Pendeluhren. Legt man großen Wert auf die exakte Zeit, kann man zu Funkuhrwerken greifen. Sogar linksläufige Uhrwerke gibt es, mit denen sich Jux-Uhren verwirklichen lassen.

Jede Uhr braucht auch Zeiger. Die gibt es ebenfalls in verschiedenen Designs und erlauben es, den eigenen Ideen freien Lauf zu lassen.

Uhrwerke eignen sich aber auch zum Reparieren vorhandener Uhren. Hat das Originallaufwerk das Zeitliche gesegnet, braucht es nur gegen ein neues ausgetauscht zu werden.

Haus & Garten

Sie haben den Spaß, wir haben die Technik.

77 Der richtige Ort für das Solarmodul

Solarzellen produzieren dann am meisten Energie, wenn die Sonnenstrahlen im rechten Winkel auf sie auftreffen. Um ihre Leistungsfähigkeit voll ausschöpfen zu können, müssten sie permanent auf den Lauf der Sonne ausgerichtet werden, für private Anwendungen aber ein unrealistischer Anspruch. Dennoch gibt es auch bei fest installierten Solarmodulen einige Regeln, die die Erzeugung maximaler Energie sicherstellen:

- Das Solarmodul muss so installiert werden, dass es möglichst während des ganzen Tages Sonnenlicht abbekommt. Damit sollte es im Wesentlichen nach Süden ausgerichtet sein.

- Durch eine schräge Montage, beispielsweise wenn man es im Dach einbaut, erreicht man, dass die Sonne in einem günstigeren Winkel darauf strahlt – was mehr Energieerzeugung bedeutet.

- Achten Sie darauf, dass das Solarmodul möglichst nicht verdeckt wird. Potenzielle Kandidaten sind der Kamin, nahe Bäume oder die eigene Sat-Schüssel. Berücksichtigen Sie dabei auch die Schattenwirkung während des Tages.

- Überlegenswert ist eine senkrechte Montage, beispielsweise integriert in der Hausfassade. Damit kann auf den Solarmodulen kein Schnee liegen bleiben, was in schneereichen Gegenden für längere Ausfälle der Dachanlage sorgen könnte.

Webcode: #32018

Energie

Sie haben den Spaß, wir haben die Technik.

78 Batterietester oder einfaches Multimeter?

Komfortable Batterietester sind etwa so groß wie kleine Multimeter, geben aber lediglich darüber Auskunft, ob eine Batterie noch voll oder schon zu ersetzen ist. Für sie sprechen Kontaktflächen, an die eine 9-V-Blockbatterie nur anzuhalten ist, um sie messen zu können. Für Knopfzellen haben sie mitunter eine Klammer, mit der diese ebenfalls recht schnell und zuverlässig gemessen werden können.

Kleine Multimeter haben den Vorteil, dass sie neben Spannungen auch Ströme und Widerstände mit genauen Zahlenwerten messen können. Bei ihnen muss man jedoch durchweg mit den Strippen hantieren, die an den Plus- und den Minuspol der Batterie oder Knopfzelle anzuhalten sind.

Das mag zwar etwas umständlich erscheinen, tatsächlich hat man sich daran binnen kürzester Zeit gewöhnt. Hinzu kommt, dass man Batterien ja auch nicht alle Tage prüft. Der große Vorteil kleiner Multimeter liegt aber darin, dass man sie auch hervorragend für Elektronikbasteleien nutzen kann, weil sie im Gegensatz zu Batterietestern vollwertige Messinstrumente sind.

Webcode: #31023

Werkzeug

Sie haben den Spaß, wir haben die Technik.

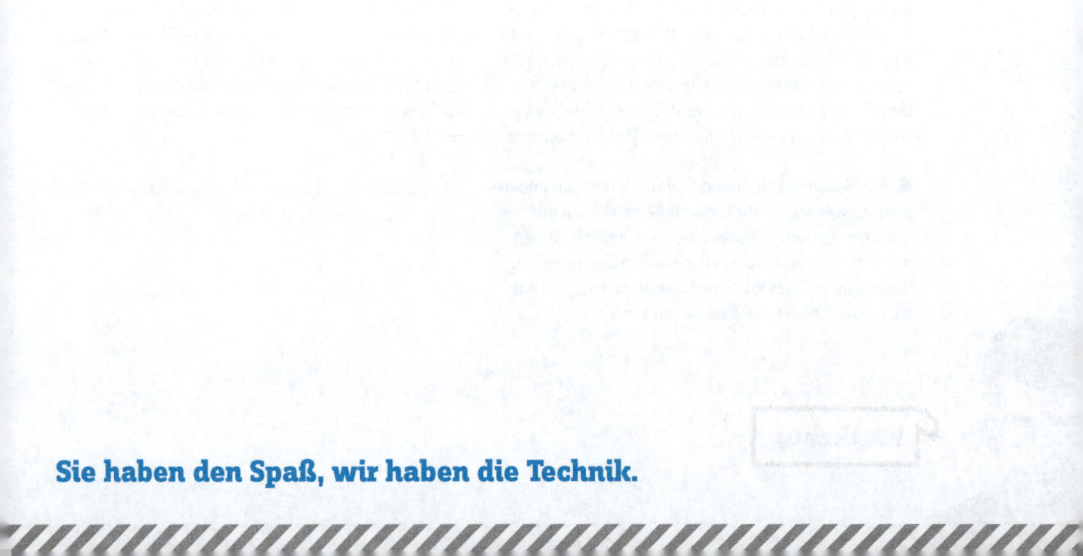

79 Lithium-Polymer-Akku (LiPo)

Im RC-Modellbau kommen heute überwiegend LiPo-Akkus zum Einsatz. Sie sind eine Weiterentwicklung der Lithium-Ionen-Akkus und in Schichtbauweise gefertigt, womit sie sehr dünn sind und in beliebiger Form hergestellt werden können.

Eine LiPo-Zelle liefert eine Nennspannung von 3,7 V. Ihre Maximalspannung beträgt im voll aufgeladenen Zustand 4,2 V. Ihre Entladeschlussspannung liegt bei 3,0 V, die keinesfalls unterschritten werden darf. LiPo-Akkus haben eine Lebensdauer von rund 200 bis 500 Ladezyklen, ohne merklich an Leistung zu verlieren. Meist sind in LiPo-Akkus mehrere Zellen zusammengeschaltet. Sie haben zwei Anschlusskabel. Je ein roter und ein schwarzer Draht sind massiv ausgeführt.

Zusätzlich haben sie ein dünnes mehrpoliges Anschlusskabel mit einem kleinen Stecker. Das ist der sogenannte Balancer-Anschluss, der erforderlich ist, um den LiPo-Akku schonend mit geeigneten Ladegeräten aufzuladen.

Kenndaten	
Abkürzung	LiPo
Zellennennspannung	3,7 V
Minimale Zellenentladespannung	3,0 V
Ladezyklen	200 bis 500
Entladestrom	bis 50 C
Monatliche Selbstentladung	8 % der Nennkapazität

Modellbau & Modellbahn

Sie haben den Spaß, wir haben die Technik.

80 Raumluftkontrolle

Oft merkt man erst viel zu spät, dass es längst Zeit wäre, zu lüften. Ein zu hoher Anteil an Kohlendioxyd, hervorgerufen durch verbrauchte Luft, führt zu Müdigkeit, Konzentrationsschwäche oder Kopfschmerzen.

Raumluftkontrollgeräte kennt man meist in Form von Profimessinstrumenten. Es gibt sie aber auch ganz einfach und preiswert, etwa in Form eines USB-Sticks. Dieser kann direkt am Rechner betrieben werden oder mittels Adapter an jeder beliebigen 230-V-Steckdose oder dem Zigarettenanzünder im Auto.

Die Signalisierung ist simpel. Leuchtet die rückwärtige Lampe grün, ist gute Raumluft vorhanden. Gelb weist auf mäßige und rot auf schlechte Luft hin und somit darauf, dass es Zeit ist, zu lüften.

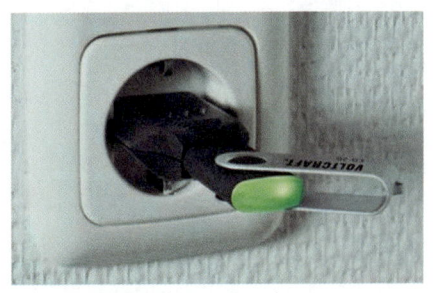

USB-Luftqualitätsfühler (Best.-Nr.: 10 13 16).

Webcode: #11045

Energie

Sie haben den Spaß, wir haben die Technik.

81 Kopflampen für mehr Sicherheit in der Nacht

Kopflampen lassen einen zunächst an Höhlenforscher denken. Doch seit der Einführung der LED-Technologie haben sie auch weitere Freizeitbereiche erobert. Moderne Kopflampen erinnern an ein Stirnband und sind mit rund 70 bis knapp unter 100 Gramm spürbar leicht. Egal ob man nachts spazieren geht oder joggt, eine LED-Kopflampe sorgt stets dafür, dass man nicht über Stock und Stein stolpert. Neben einem Dauermodus bietet sie auch einen Blinklichtmodus und Leuchtdauern von bis deutlich über 20 Stunden.

Kopfleuchten helfen aber auch, gesehen zu werden, was besonders auf dunklen Landstraßen sehr wichtig ist. Sie helfen den Autofahrern, Fußgänger schon bis zu mehrere Hundert Meter vorher wahrzunehmen und so ihr Fahrverhalten anzupassen.

Hobby

Sie haben den Spaß, wir haben die Technik.

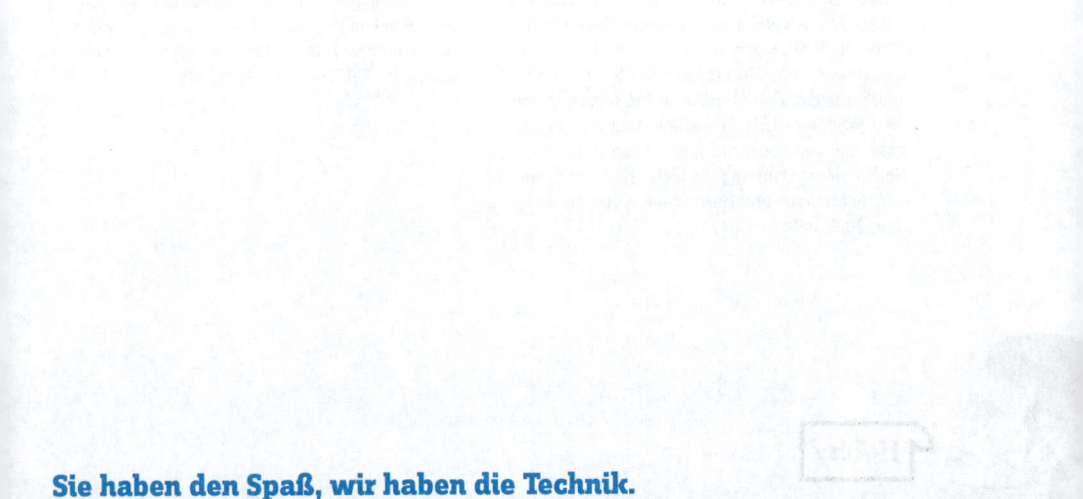

82 Perfekter Halt auf der Anhängerkupplung

Fahrräder wurden früher auf klapprige Dachgepäckträger gespannt, aber auch heute findet man diese hier noch oft genug. Eine wesentlich sicherere und bequemere Alternative sind Fahrradträger, die an der Anhängerkupplung zu montieren sind. Für sie sprechen zahlreiche Vorteile:

- Abgesehen von ihrer einfacheren Montage lassen sie sich auch viel angenehmer beladen, da man die Räder nicht mehr aufs Autodach hieven muss und dabei Gefahr läuft, dieses zu zerkratzen.

- Bis zu drei Fahrräder lassen sich bequem transportieren.

- Da die Räder nun nicht mehr oben montiert sind, verschlechtert ihr Gewicht nicht länger die Fahreigenschaften des Autos, da sein Schwerpunkt unverändert bleibt.

- Auch die Räder sind geschützter, da sie nicht dem vollen Fahrtwind ausgesetzt sind.

- Außerdem muss man sich nicht länger um Durchfahrtshöhen kümmern.

- Besonders bei der Nutzung von Autofähren kann man sich die teils beträchtlichen Aufpreise für die größere Fahrzeughöhe durch am Dach montierte Räder sparen.

An der Anhängerkupplung zu montierende Fahrradträger bringen zahlreiche Vorteile.

Auto

Webcode: #13091

Sie haben den Spaß, wir haben die Technik.

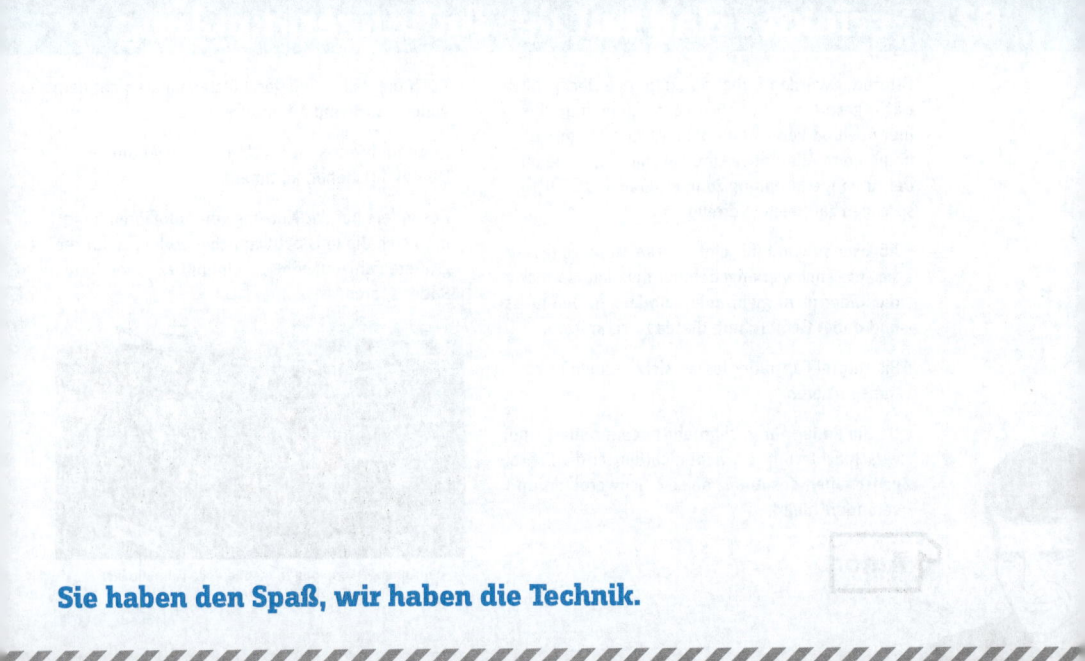

83 HomeMatic über das iPhone steuern

Als modernes Haussteuerungssystem lässt sich HomeMatic nicht nur manuell über diverse Schaltaktoren oder über am PC und die Zentrale generierte automatisierte Abläufe steuern und überwachen. Besonders bequem ist es, wenn das auch funktioniert, ohne dass man ständig zum Beispiel eine HomeMatic-Fernsteuerung zur Hand haben muss. Hier bietet es sich an, Funktionalitäten über ein kleines multifunktionelles Gerät zu realisieren, das man ohnehin ständig mit sich trägt: das Handy.

Um komplexe Steuerfunktionen durchführen und sogar generieren zu können, muss es zahlreiche Voraussetzungen erfüllen, die z. B. das iPhone bietet. Seine Ausführung mit großer Anzeige und Touchscreen bietet die ideale Voraussetzung, um HomeMatic über eine iPhone-Applikation auszuführen.

Diese Applikation heißt „HomeMatic touch" und ermöglicht das komfortable Steuern über das iPhone oder den iPod touch. Dazu wird kein Computer oder Server benötigt, da das mit HomeMatic touch ausgestattete iPhone direkt Verbindung mit der HomeMatic-Zentrale über das haus- oder wohnungseigene WLAN-Netz aufnimmt. Die Anwendung ist optisch wie eine typische iPhone-Anwendung aufgebaut und auch so zu bedienen. Egal ob das bloße Schalten einfacher Zwischenstecker-Schaltaktoren oder das Steuern der Heizung, beides ist für das iPhone keine Herausforderung. Es ersetzt sogar den elektronischen Schlüssel und kann via KeyMatic-Funktionalität auch die verschlossene Haustür öffnen.

Haus & Garten

Webcode: #42003

Sie haben den Spaß, wir haben die Technik.

84 Der IC

Beim Einbau von ICs, sogenannten integrierten Schaltungen, ist auf die korrekte Polung zu achten. Sie erkennen sie an der entsprechenden Kennzeichnung. ICs haben eine festgelegte Einbaurichtung, die Sie der Markierung auf der Platine und dem IC entnehmen können. Beide sind mit Markierungspunkten oder Kerben versehen, die den Anschluss 1 des IC kennzeichnen.

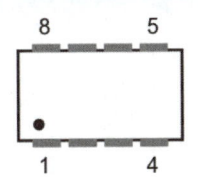

PIN-Belegung des SMD-IC LM358.

Verschiedene Bauteile, wie MOS- oder CMOS-ICs, werden bereits durch statische Aufladungen zerstört. Sie sollten sie deshalb ausschließlich, so wie grundsätzlich auch alle anderen ICs, nur am Gehäuse anfassen, ohne dabei die Anschlussbeinchen zu berühren.

Bei SMD-ICs ist PIN 1 durch einen Punkt an der Gehäuseoberseite gekennzeichnet.

Bauelemente

Sie haben den Spaß, wir haben die Technik.

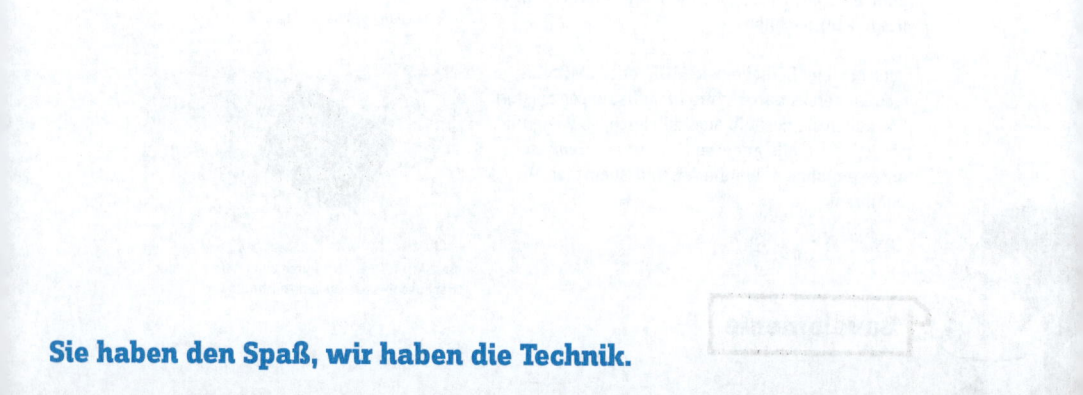

85 Welcher Monitor für die Fotonachbearbeitung?

Mit der Qualität digitaler Kameras steigen auch die Anforderungen an den Monitor, mit dem die Bildqualität der einzelnen Fotos beurteilt und mit dessen Hilfe sie bearbeitet werden. Moderne TFT- oder LED-Monitore haben den Vorteil, dass sie im Gegensatz zum Röhrenmonitor absolut eben sind und alle Fotos verzerrungsfrei wiedergeben können. Da moderne Monitore recht flach sind, brauchen sie nur wenig Platz, womit man auch zu Modellen mit größeren Bilddiagonalen greifen kann. 56 cm sollten nach Möglichkeit jedoch nicht unterschritten werden.

Am besten beraten ist man mit einem Monitor mit 16:9-Schirm und Full-HD-Auflösung mit 1.920 x 1.080 Pixeln.

Er entspricht dem Breitbildfernsehformat und ist prädestiniert dafür, auf ihm auch HD-Videos zu schneiden. Zudem liefert er extrascharfe Bilder, die es am besten erlauben, feine Korrekturen optimal zu meistern.

Hochwertige Monitore haben zudem einen HDMI-Eingang. Dieser erlaubt auch den direkten Anschluss eines HD-Sat-Receivers, eines Blu-ray-Players oder einer HD-Videokamera. Damit lässt sich der Monitor ebenfalls als Fernseher nutzen. Auch unter diesem Aspekt sollte er nicht zu klein sein.

Webcode: #46005

Computer & Office

Sie haben den Spaß, wir haben die Technik.

86 Analoge Tonträger digitalisieren

Längst wurden Langspielplatte und Kompaktkassette durch CD und MP3 abgelöst. Dennoch haben immer noch viele Musikliebhaber umfangreiche Schallplatten- und Kassettensammlungen mit zahlreichen einmaligen Schätzen zu Hause. Zum Digitalisieren bieten sich verschiedene USB-Plattenspieler und Kassetten-Encoder an. Sie digitalisieren alte Platten und Bänder und speichern sie auf einen USB-Stick oder eine Speicherkarte.

Die meisten Geräte erlauben vor dem Digitalisieren das Einstellen der Datenrate und der Samplingfrequenz. Datenraten sind meist von 32 bis 320 kBit/s, die Samplingfrequenz zwischen 32, 44,1 und 48 kHz einstellbar. Je niedrigere Werte gewählt werden, umso mehr passt auf den digitalen Speicher – aber umso schlechter ist auch die Tonqualität.

Als Mindesteinstellung empfehlen wir 192 kBit/s und 44,1 kHz. Nutzen Sie, falls irgend möglich, die Digitalisierung in maximaler Qualität (320 kBit/s und 48 kHz). Nur damit wird die digitale Kopie so gut wie das analoge Original.

Doppelkassettendeck zum Digitalisieren wertvoller Kassettenaufnahmen (Best.-Nr.: 34 57 32).

Webcode: #46023

Multimedia

Sie haben den Spaß, wir haben die Technik.

87 Installationszubehör für autarke Solaranlagen

Große Solaranlagen, mit denen elektrischer Strom erzeugt und ins öffentliche Stromnetz eingespeist wird, liegen in Deutschland voll im Trend. Kleine Solaranlagen bieten sich aber auch für das Wochenendhäuschen oder eine einsame Almhütte an. Auch für Wohnanhänger können sie interessant sein.

Autark betriebene Solaranlagen haben keine Verbindung mit dem öffentlichen Stromnetz, sondern speichern die während der Sonnenscheinstunden gewonnene Energie in Akkus, von wo sie am Abend bezogen werden kann. Da wir hier insgesamt von kleinen Energiemengen sprechen, kann die Installation auch auf 12-Volt-Gleichstrombasis ausgeführt werden.

Auf diese Weise lassen sich 12-Volt-Leuchten betreiben. Dank energiesparender LED- und Energiesparlampentechnologie erlauben sie lange Brennzeiten. Für 12-Volt-Anlagen gibt es ferner verpolungssichere Einbausteckdosen. Sie erlauben den Betrieb kleinerer Elektrogeräte, zu denen auch die Sat-Anlage und kleinere Fernseher zählen.

Webcode: #32019

Energie

Sie haben den Spaß, wir haben die Technik.

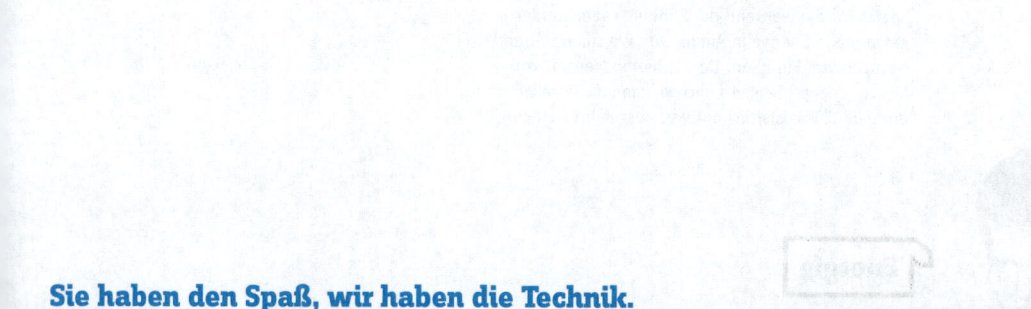

88 Welche Heißluftdüse für welchen Einsatz?

Um mit einem Heißluftgebläse verschiedene Aufgaben ausführen zu können, sind diverse Vorsatzdüsen erforderlich, die den heißen Luftstrahl in die gewünschten Bahnen lenken.

Breitstrahldüse
Sie sorgt für eine flächige Luftverteilung, wie sie etwa beim Trocknen oder Entfernen von Farbe gefordert ist. Sogar das Wachsen von Skiern ist damit möglich.

Reflektordüse
Sie dient zum Löten von Rohren und zum Schrumpfen von Schrumpfschläuchen.

Reduzierdüse
Es gibt sie mit verschiedenen Öffnungsdurchmessern. Je kleiner die Öffnung ist, umso punktgenauer lässt sich die Heißluft platzieren. Typische Anwendungsgebiete sind Entlöten und PVC-Schweißen.

Grillanzünderdüse
Sie sollte bei keiner Grillparty fehlen. Mit ihr lässt sich Grillkohle schnell, sicher und vor allem ohne den Einsatz von Chemie anzünden.

Webcode: #41025

Werkzeug

Sie haben den Spaß, wir haben die Technik.

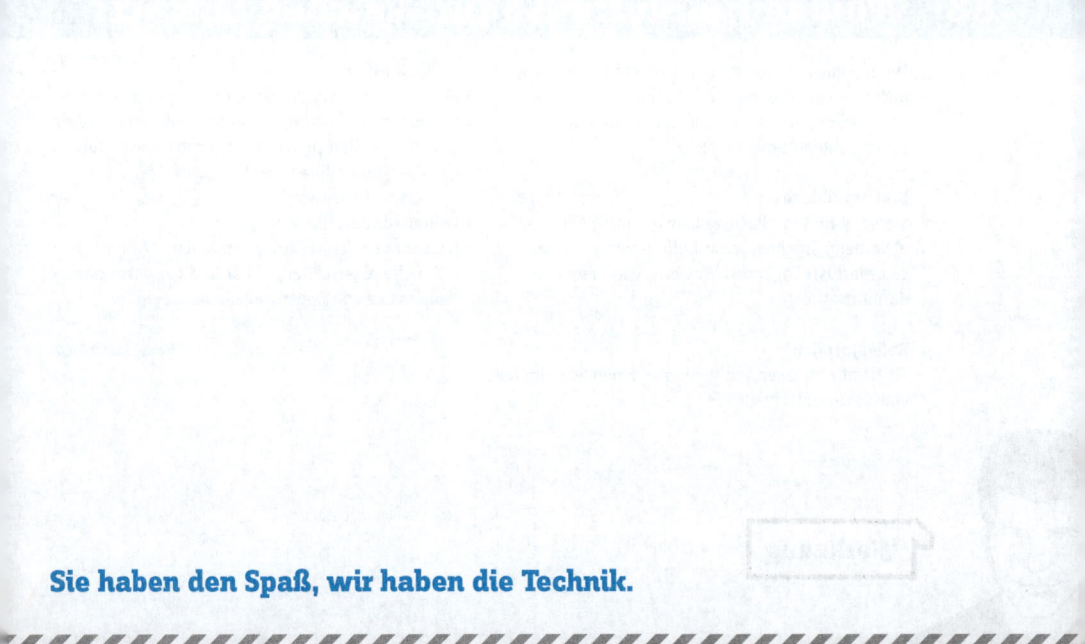

89 Der C-Wert bei Modellbauakkus

Der Stromverbrauch von RC-Modellen wird erheblich vom augenblicklichen Betriebszustand beeinflusst. Besonders hohe Stromstärken werden unter anderem beim Steigflug von RC-Flugzeugen oder bei Beschleunigung benötigt. Sie muss der Akku bereitstellen können, ohne Schaden zu nehmen. Die zulässigen Entladeströme werden auf den RC-Akku nur zum Teil in Klartext aufgedruckt. Häufig findet man, vor allem bei Lithium-Akkus, die Angabe in C-Einheiten, wobei es mit zum Beispiel „20 C" schon getan sein kann. Die Zahl ist ein Multiplikationsfaktor, der angibt, wie oft der Wert von „C" zu multiplizieren ist.

„C" ist eine variable Größe und bezieht sich direkt auf die Akkukapazität. Beträgt diese 1.800 mAh, also 1,8 Ah, wird für C eine Stromstärke von 1,8 A abgeleitet. Sie sind mit dem Multiplikationsfaktor, in unserem Fall 20, zu multiplizieren, woraus sich für diesen Akku ein maximaler Entladestrom von 36 A ergibt. Würde ein 1.000-mAh-Akku 20 C zulassen, könnten aus ihm nur 20 A entnommen werden.

Modellbau & Modellbahn

Sie haben den Spaß, wir haben die Technik.

90 Knopfzellenakkus

Noch vielen dürfte unbekannt sein, dass es Knopfzellen nicht nur als Einwegbatterien, sondern auch als Akkus gibt.

NiMH-Knopfzellen haben eine Nennspannung von 1,2 V. Sie zeichnen sich durch geringe Selbstentladung und hohe Lebensdauer aus. Sie erlauben bis zu 1.000 Ladezyklen. Der maximal zulässige Ladestrom beträgt ein Zehntel der Nennkapazität.

Lithium-Knopfzellen haben eine Nennspannung von 3,0 oder 3,6 V. Sie erlauben bis zu 400 Ladezyklen und zeichnen sich durch geringe Selbstentladung und hohe Lebensdauer aus. Der maximal zulässige Ladestrom beträgt ebenfalls ein Zehntel der Nennkapazität.

Zum Laden von Knopfzellen wird ein speziell dafür geeignetes Ladegerät benötigt.

Ladegerät für Lithium-Knopfzellen (Best.-Nr.: 20 05 20).

Energie

Sie haben den Spaß, wir haben die Technik.

91 Digitales DJing

Darunter versteht man das Mischen von Liedern über PC-Software. Ein Windows- oder Mac-Rechner mit einem Programm wie Serat Scratch, Native Instruments Traktor oder Ähnliche ist erforderlich, um MP3-Dateien oder andere Audioformate zu mixen. Zur komfortablen Bedienung kommen DJ-Controller zum Einsatz.

Da die meisten ohnehin einen Computer besitzen, ist der Einstieg ins digitale DJing recht einfach. Die Software kann die Synchronisation von Liedern übernehmen, erlaubt das Setzen von Loops, und es können verschiedene Filter, wie etwa Hall, über das Musikstück gelegt werden.

Besonders spannend: Man braucht keine CDs mehr, sondern kann direkt auf die auf der Festplatte gespeicherte Musik zurückgreifen.

Viele dieser DJ-Tools bieten neben umfangreichen kreativen Möglichkeiten auch einen Automatikmodus, der Lieder ineinander übergehen lässt. Das verschafft dem DJ eine Pause, so er mal eine braucht.

Webcode: #46024

Hobby

Sie haben den Spaß, wir haben die Technik.

Schutz vor Mardern

Marder greifen immer häufiger unsere fahrbaren Untersätze an. Sie machen sich bevorzugt an Brems- und Zündkabeln, Kühlschläuchen, Dämmmatten und sämtlichen Weichteilen zu schaffen. Zur Abschreckung dieser Vielfraße gibt es drei Varianten elektronischer Marderschutzgeräte:

Ultraschall: Wird ein Marder erkannt, geben die Warngeräte für den Menschen unhörbare Ultraschallhochfrequenztöne von rund 20 bis 24 kHz ab. Marder empfinden sie als ohrenbetäubenden Lärm und meiden die Nähe der mit bis zu 100 dB lauten Schallquelle. Ultraschalltöne werden von kleinen elektronischen Schaltungen erzeugt, die im Motorraum eingebaut werden. Die Töne werden von Piezo-Lautsprechern abgestrahlt.

Hochspannung: Ein weiteres wirksames Vertreibungsmittel ist Hochspannung. Dazu werden am Auto Hochspannungsplättchen verteilt. Sie versetzen dem Tier bei Berührung einen Elektroschock mit einer Spannung von 200 bis 300 V. Dadurch wird der Marder nicht getötet, aber durch dieses unangenehme Erlebnis wird er das Auto fortan strikt meiden.

Ultraschall und Hochspannung: Diese Marderscheuchen setzen beide Technologien ein und sind besonders effizient.

Marder – der Schrecken eines jeden Autobesitzers.

Webcode: #43003

Sie haben den Spaß, wir haben die Technik.

93 Funkalarmzentrale

Mit den zahlreichen HomeMatic-Melder- und Signalisierungskomponenten kann gemeinsam mit der Funkalarmzentrale ein Alarmsystem mit besonders hoher Zuverlässigkeit und Störsicherheit geschaffen werden. Da alle Komponenten miteinander per Funk verbunden sind, lässt sich eine HomeMatic-Alarmanlage auch auf einfache und schnelle Weise installieren.

Die Funkalarmzentrale mit den zahlreichen anlernbaren Komponenten dient der Absicherung privaten Eigentums, wie Wohnung, Haus, Garage und Wochenendhaus.

An der Alarmzentrale können bis zu 100 Funksensoren angelernt werden. Sie unterscheidet vier Alarmarten. Neben „Einbruch" sind dies „Überfall", „Sabotage" sowie „Rauch und Wasser".

Die Alarmzentrale meldet das unerlaubte Eindringen durch das Schalten von Ausgängen, an denen optische, akustische oder stille Signalgeber angeschlossen sein können. Die Alarmierung erfolgt über eine eingebaute Sirene und eine Sprachausgabe. Externe Alarmierungen werden zudem über drahtgebundene Alarmeinrichtungen wie ein Alarmwählgerät oder ein Netzwerk bewerkstelligt, über das auch automatische E-Mails versendet werden können.

Webcode: #42002

Haus & Garten

Sie haben den Spaß, wir haben die Technik.

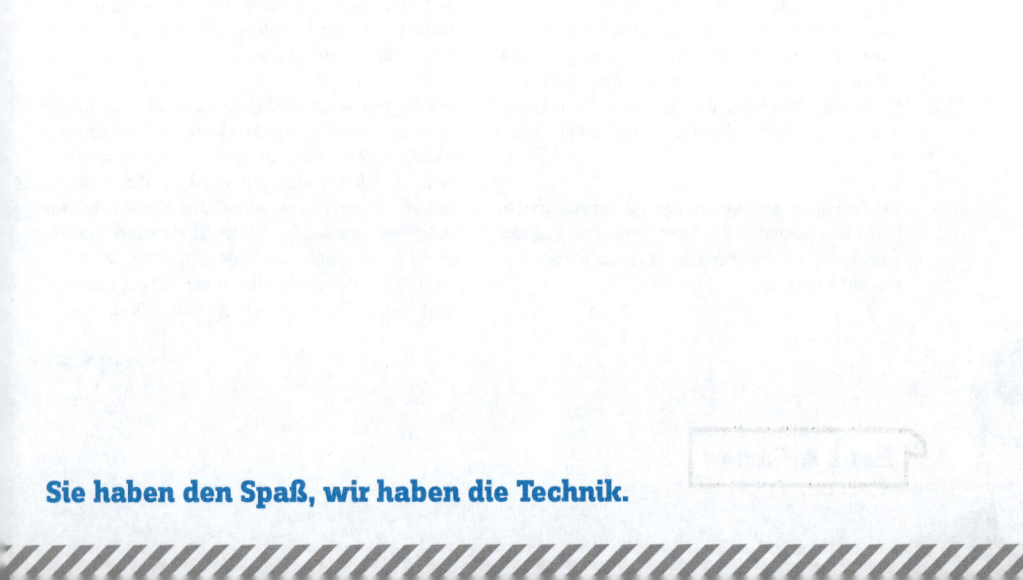

94 Raumklima mit Temperatursensor steuern

Kleine, unauffällige Temperatursensoren erlauben ein weites Einsatzgebiet von Automobil- über Heizungs- und Klimatechnik bis hin zu Wetterstationen.

Temperatursensoren können dabei helfen, die Raumtemperatur konstant zu halten. Dies kann auf vielfältige Weise geschehen, zum Beispiel indem sie im Winter die Heizung so regeln, dass ein Raum auf konstante Temperatur gebracht wird.

Eine weitere Möglichkeit ist, im Sommer damit Jalousien oder Markisen zu steuern. Scheint die Sonne zu stark in den Raum, beginnt dieser sich aufzuheizen. Wird ab einer festgelegten Temperaturschwelle ein Schaltimpuls ausgegeben, kann beispielsweise die Jalousie heruntergefahren werden, womit es im Raum angenehm bleibt.

Bauelemente

Sie haben den Spaß, wir haben die Technik.

95 HD-Webcam

Spätestens seit der Einführung von HDTV sind die Anforderungen an die Bildqualität bei Webcams erheblich gestiegen. Kein Wunder, waren die von alten Modellen gelieferten Bilder oft nur grobpixelig, verrauscht und klein. Das muss längst nicht mehr sein.

Die meisten Webcams arbeiten mit VGA-Auflösung von 640 x 480 Bildpunkten. Diese entspricht Standardbildqualität. HD-Webcams gibt es in zwei Qualitätsstufen. Einfache Modelle bieten eine Auflösung von 1.280 x 720 Pixeln (HD 720). Full-HD-Webcams liefern mit 1.920 x 1.080 Bildpunkten das schärfste Bild. Sie sorgen aber auch für das höchste Datenaufkommen.

Deshalb ist für HD-Webcams ein schneller Breitbandanschluss erforderlich. Ansonsten kann es sein, dass die von der Webcam aufgenommenen Bilder gar nicht ins Netz gestreamt werden können. Entscheidend ist hier nicht die Down-, sondern die Uploadgeschwindigkeit. Sie liegt in der Regel selbst bei einem 16-MBit/s-Anschluss deutlich unter 1 MBit/s. Um mit einer HD-Webcam erfolgreich zu sein, sollte man zumindest einen DSL-6000-Breitbandanschluss haben.

Full-HD-Webcam (Best.-Nr.: 97 39 88).

Computer & Office

Webcode: #46004

Sie haben den Spaß, wir haben die Technik.

96 Videokamera: Festplatte oder Speicherkarte?

Derzeit zeichnen Videokameras auf unterschiedlichsten Speichermedien auf. Neben dem Band sind das vor allem in den Geräten fest eingebaute Festplatten oder verschiedene Speicherkartenformate.

Am bequemsten ist die Speicherkarte als Speichermedium. Sie ist extrem klein, leicht und unkompliziert in der Handhabung. Inzwischen ist ihr Speichervolumen vergleichbar mit dem, was in den meisten Camcordern an Festplattenspeicherkapazität eingebaut ist.

Besser noch: Ist die Speicherkarte voll, lässt sie sich blitzschnell gegen eine neue austauschen, und schon können Sie weiterfilmen. Speicherkarten sind zudem, ganz im Gegensatz zur Festplatte, stoßunempfindlich.

Fällt die Kamera mal hinunter, braucht man keine Sorge zu haben, dass der Datenspeicher kaputtgegangen ist.

Entscheidend ist aber auch, dass Festplatten nur ein eingeschränktes Einsatzgebiet haben. Sie eignen sich lediglich für den Betrieb in Höhen bis zu 3.000 m. Alpinisten können damit schnell in für die Kamera gefährliche Regionen vordringen. Dabei drohen Festplatten durch zu große Unterschiede zwischen dem äußeren Luftdruck und dem Druck in der Festplatte irreparable Schäden.

Webcode: #15074

Multimedia

Sie haben den Spaß, wir haben die Technik.

97 Worin unterscheiden sich Steckschlüssel?

Steckschlüsselsätze werden in oft recht reichhaltig bestückten Koffern zusammengestellt. Neben Steckschlüsseleinsätzen enthalten sie eine Ratsche, Verlängerungen, Gelenke und beispielsweise Innensechskantschlüssel. Und das alles wird mitunter zu einem verlockend niedrigen Preis von wenigen Euro im Wühltisch angeboten. Doch ist man mit derlei Werkzeug wirklich gut bedient?

Wohl kaum. Denn meist handelt es sich um minderwertige No-Name-Produkte, die Steckschlüsseleinsätze und Innensechskantschlüssel aus weichem Material fertigen. Diese Teile eignen sich oft nur dazu, locker angezogene Schrauben zu lockern.

Sind sie fest angezogen, drehen sich die Einsätze und Schlüssel häufig durch und sind aus- bzw. abgenudelt. So konnte man mit ihnen oft nicht einmal eine einzige Schraube lockern.

Diese Erfahrungen lehren uns, dass Qualität nach wie vor Geld kostet – wobei es auch unter guten und sehr langlebigen Produkten preislich attraktive Angebote gibt. Hochwertige Werkzeugmaterialien sind nicht nur die Gewähr dafür, dass sich damit auch schwergängige Schrauben lösen lassen, man wird sie auch über viele, viele Jahre zur vollsten Zufriedenheit nutzen!

Webcode: #11019

Werkzeug

Sie haben den Spaß, wir haben die Technik.

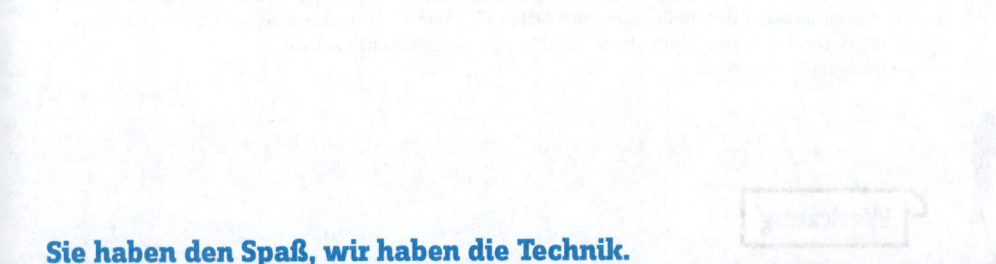

98 Heizkosten sparen mit Funkthermostaten

Die einzelnen Räume einer Wohnung oder eines Hauses benötigen unterschiedlich viel Heizenergieaufwand. Südseitig gelegene Räume, in die während des Tages die Sonne scheint, sind tendenziell wärmer als nordseitig gelegene. Daraus ergibt sich auch, dass jeder Raum anders zu heizen ist.

Hervorragend lässt sich die individuelle Heizungssteuerung mit Funkthermostaten und Funkstellantrieben bewerkstelligen. Ihr Vorteil beginnt bereits bei der Installation, die mit wenigen Handgriffen abgeschlossen ist und zum Beispiel keine Verlegung von Strom- und Steuerleitungen erfordert.

Die weiteren Vorteile ergeben sich im Betrieb. So berücksichtigt das Raumthermostat nicht nur die von den Heizkörpern abgegebene Wärmemenge, sondern auch die durch die Sonneneinstrahlung wirksam werdende Erwärmung des Raums. Auf diese Weise lassen sich die Heizkörper stets so ansteuern, dass sie die Raumtemperatur halten und nicht über Gebühr Energie abstrahlen.

Thermostate erlauben zudem das Programmieren von Nutzungsprofilen – beispielsweise der Nachtabsenkung. Weiter berücksichtigen sie die unterschiedlichen Raumnutzungen während der Arbeitswoche und dem Wochenende. Durch intelligentes Heizen lassen sich bis zu 30 % an Heizkosten einsparen – und zwar so, ohne dass man davon etwas merkt.

Haus & Garten

Sie haben den Spaß, wir haben die Technik.

Digitale Modellbahn – Faszinierende Möglichkeiten

Dank Modellbahn-Digitalsteuerung wird zuallererst ein realitätsnaher Fahrbetrieb simuliert, der auch das sanfte An- und Ausfahren der Lok beinhaltet. Abruptes Losfahren oder Stehenbleiben gehören damit der Vergangenheit an. Dazu lassen sich Geschwindigkeiten weitaus feiner regeln, beispielsweise mit bis zu 128 Stufen. Aber auch kleine Details, die nicht unmittelbar mit dem Fahren zusammenhängen, werden mit der Digitaltechnik erstmals möglich. So etwa die fahrtrichtungsabhängige Schaltung der Zugbeleuchtung. Diese brennt übrigens mit voller Helligkeit, auch wenn die Lok steht. Allein das wäre bei analoger Steuerung absolut undenkbar gewesen.

Je nach Ausstattung der Lok können zudem Entkupplungsfunktionen über das Steuergerät vorgenommen werden. Außerdem lassen sich Loks auch mit einem Soundgenerator ausstatten, der für eine geschwindigkeitsechte Geräuschkulisse sorgt. Sogar das Signalhorn lässt sich so betätigen. Allein dieser kurze Ausflug zeigt, dass digitale Modellbahnen heute Möglichkeiten eröffnen, die noch für unsere Väter absolut undenkbar, weil technisch nicht realisierbar, waren.

Webcode: #33122

Modellbau & Modellbahn

Sie haben den Spaß, wir haben die Technik.

100 Zusätzliche Stromzähler

Oft ist es erforderlich, neben dem Stromzähler des EVU im Haushalt weitere zu betreiben, etwa wenn man sehen will, wie viel Strom die Wärmepumpe verbraucht, oder um exakte Nebenkosten zu ermitteln. Dazu wird eine Reihe von Hutschienen-Wechsel- und Drehstromzähler angeboten, die sich leicht in den Verteilerschrank einbauen lassen. Mit ihnen wird der Stromverbrauch einzelner Stromkreise oder Stromkreisgruppen ermittelt. Was etwa sinnvoll ist, wenn man einen Untermieter hat oder wenn es darum geht, vom Nachbarn ausgeliehenen Baustrom korrekt zu vergüten.

Eigene Stromzähler ersetzen nicht den „amtlichen" des EVU. Sie helfen aber, einen Überblick über den Verbrauch einzelner Verbrauchergruppen zu behalten.

Stromzähler

Webcode: #11094

Energie

Sie haben den Spaß, wir haben die Technik.

101 Kühlboxen halten länger frisch

Damit Tiefkühlprodukte so lange haltbar sind, wie an ihren Verpackungen angegeben, sollte die Kühlkette vom Supermarkt bis zur heimischen Kühltruhe nicht unterbrochen werden – was problematisch werden kann, wenn man mal unvorhergesehenerweise nach dem Einkauf länger nach Hause braucht als beabsichtigt.

Kühlboxen helfen, die zu kühlenden Waren länger frisch zu halten. Sie haben ein Fassungsvermögen von rund 18 bis 48 Liter und werden über das 12-V-Bordnetz versorgt. Ihre Kühlleistung beträgt etwa 18 °C bis 20 °C unter der Umgebungstemperatur.

Damit sind sie zwar keine klassischen Kühltruhen, helfen aber doch, den Auftauprozess deutlich zu verlangsamen – insbesondere im Sommer eine nützliche Sache.

Neben dem Transport von Kühlprodukten bieten sich Kühlboxen auch an, in ihnen Getränke länger kühl zu halten, was insbesondere bei längeren Fahrten von allen Fahrgästen dankend angenommen wird.

Webcode: #13078

Auto

Sie haben den Spaß, wir haben die Technik.

Anforderungen an eine Überwachungskamera

Je nach Einsatzgebiet muss eine Überwachungskamera verschiedene Funktionen erfüllen.

Bildqualität: Sind detailreiche Aufnahmen gefordert, ist eine hochauflösende Kamera zu empfehlen. Sie erleichtert unter anderem das Identifizieren von Personen oder Kennzeichen.

Lichtempfindlichkeit: Eine lichtempfindliche Kamera führt auch bei schlechter Beleuchtung zu zufriedenstellenden Aufnahmen. Besonders für Beobachtungsaufgaben im Freien ist hohe Lichtempfindlichkeit gefordert.

Gegenlichtkompensation: Herkömmliche Kameras erzeugen blasse Hintergrundaufnahmen, wenn ein Gegenstand vor einem hellen Hintergrund aufgenommen wird. Eine Gegenlichtkompensation hilft, diesen ungewünschten Effekt abzuschwächen. Sie ist für Kameras wichtig, in die das Sonnenlicht oder Beleuchtungskörper strahlen können.

Aufnahmeart: Verschiedene Überwachungskameras sind mit einem Bewegungsmelder und teilweise auch mit einem Scheinwerfer kombiniert. Sie zeichnen für eine programmierbare Dauer, zum Beispiel 30 Sekunden auf eine eingelegte Speicherkarte auf, wenn eine Bewegungsauslösung erfolgt.

Eine lückenlose Überwachung wird entweder live über Monitore oder über externe Aufzeichnungsgeräte vorgenommen.

Webcode: #32005

Haus & Garten

Sie haben den Spaß, wir haben die Technik.

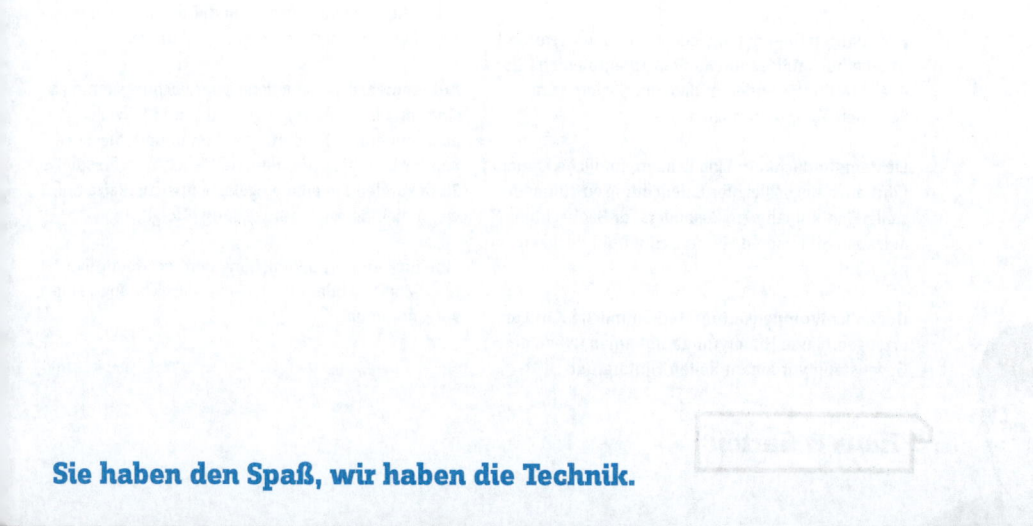

103 Wissenswertes zu Glimmlampen

Glimmlampen sind häufig in Tastern eingebaut und helfen beispielsweise dabei, während der Nacht den Lichtschalter zu finden. Darüber hinaus finden sie unter anderem als Betriebsspannungsanzeigen und im Modellbau Anwendung.

In Lichtschaltern eingebaute Glimmlampen arbeiten mit 230 V Wechselspannung. Durch sie fließt ein Strom von rund 0,04 bis 1 mA, womit ihre Leistungsaufnahme zwischen etwa 0,09 und 0,23 W liegt.

Das klingt zwar nach extrem wenig, verursacht aber dennoch einen Jahresenergieverbrauch von 0,8 bis 2 kWh. Sind im Haushalt alle Lichtschalter mit Glimmlampen ausgestattet, können sie so die Jahresstromrechnung mit bis etwa 5 Euro belasten. Im Sinne des Energiespargedankens sollten sie deshalb nur dort eingesetzt werden, wo sie wirklich benötigt werden.

Webcode: #31032

Bauelemente

Sie haben den Spaß, wir haben die Technik.

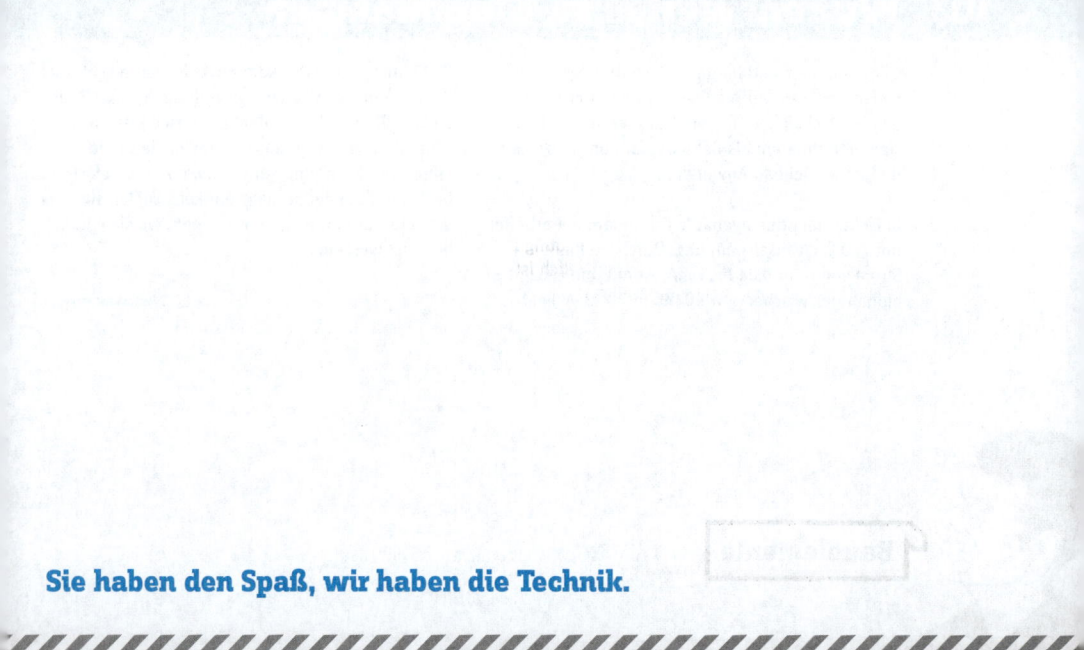

104 Ausgebaute Festplatten schnell auslesen

Wissen Sie noch, welche Daten auf Ihren alten, ausgebauten Festplatten gespeichert sind? Die Platte wieder in einen Computer einzubauen, ist langwierig und umständlich. Auch ihr Einbauen in ein externes Festplattengehäuse kostet Zeit. Schneller geht es mit speziellen Adaptersteckern. Sie bestehen aus einer Steckerleiste, an der eine SATA- oder IDE-Festplatte angedockt werden kann. Die Verbindung zum Rechner wird über USB hergestellt. Zusätzlich ist eine Stromversorgung für die Festplatte erforderlich.

Sollen ausgebaute Festplatten öfter genutzt werden, empfiehlt sich eine Festplatten-Dockingstation. In sie wird das Speichermedium einfach von oben hineingesteckt. Sie hat das Netzteil bereits eingebaut, womit ausschließlich die USB-Verbindung zum PC herzustellen ist.

Festplattenadapter und -Dockingstations gibt es für USB 2.0 und das extraschnelle USB 3.0.

Mit einem Festplattenadapter lassen sich externe Festplatten schnell auslesen.

Festplatten-Dockingstation.

Computer & Office

Webcode: #46015

Sie haben den Spaß, wir haben die Technik.

105 Welcher Sat-Schüssel-Durchmesser?

Sat-Antennen gibt es mit Durchmessern ab rund 35 cm bis zu mehreren Metern. Welcher Durchmesser eignet sich für welches Einsatzgebiet?

35-50 cm: Ihr primäres Einsatzgebiet liegt im Campingempfang. Mit ihnen ist es möglich, in Mitteleuropa und sogar etwas darüber hinaus die deutschen TV-Programme via Astra zu sehen. Bei Schlechtwetter kann es zum Ausfall einzelner Programme kommen.

60 cm: Untere Grenze für stationären Astra-Empfang. Sie bieten nur geringe Schlechtwetterreserven und fallen etwa bei Gewitter und starkem Regen schnell aus.

80-90 cm: Standardgröße für Satellitenempfang in Mitteleuropa. Die Größe bietet gute Schlechtwetterreserven und sorgt auch für gute Empfänge auf fast allen anderen Satellitenpositionen. Diese Spiegelgröße ist ebenfalls für Mehrteilnehmeranlagen zu empfehlen.

1-1,2 m: Türksat erfordert in unseren Breiten meist etwas größere Spiegeldurchmesser, als er für den Empfang der deutschen Programme erforderlich ist. Mit 1,2 m sollten die meisten in Richtung Europa ausgestrahlten türkischen Sender zu bekommen sein. Mit dieser Antennengröße kommen auch andere DX-Satelliten bereits brauchbar herein.

Multimedia

Sie haben den Spaß, wir haben die Technik.

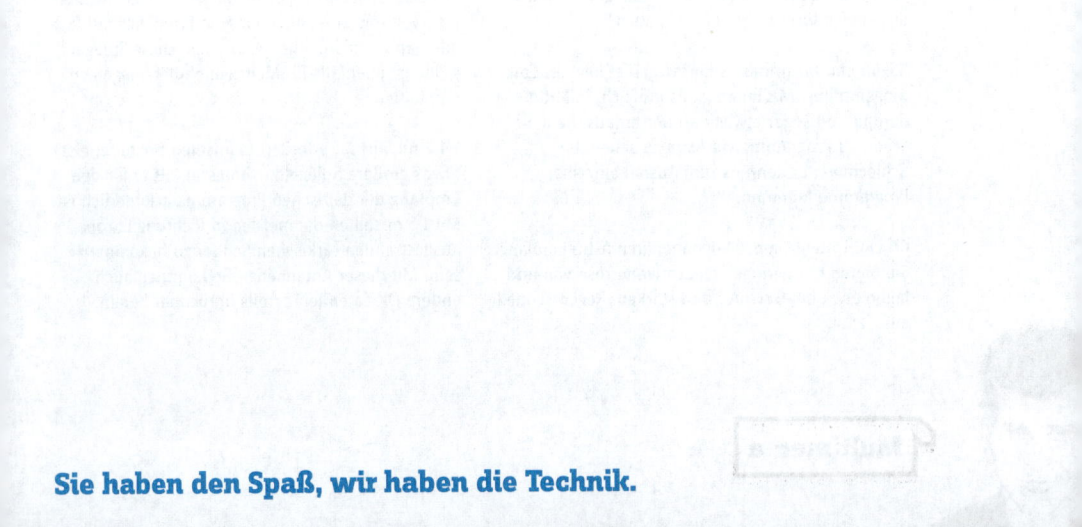

106 Voll im Trend: Löten mit Heißluft

Obwohl es schon seit Langem Heißluftgebläse gibt, wurde Heißluft erst während der letzten Jahre als universelles Werkzeug entdeckt. Dazu eignen sich besonders gut regelbare Heißluftgebläse mit einem Temperaturbereich von rund 50 bis 650 °C.

Eines der vielfältigen Einsatzgebiete ist das Löten und Entlöten von Rohren. Zum Löten ist die gereinigte Lötstelle zuerst auf rund 650 °C zu erwärmen. Das Lot darf nicht durch die zugeführte Heißluft, sondern muss durch das erwärmte Werkstück zum Schmelzen gebracht werden. Für Punktlötungen sind Reduzierdüsen zu empfehlen.

Zum Entlöten wird das Werkstück auf rund 600 °C erhitzt. Wird mit einer Reflektordüse gearbeitet, lässt sich die Heißluft punktgenau auf die Arbeitsstelle führen. Damit sind auch nur Temperaturen um 400 °C erforderlich.

Mit Heißluft lassen sich auch elektronische Bauteile auslöten.

Werkzeug

Auslöten mit Heißluft.

Webcode: #41025

Sie haben den Spaß, wir haben die Technik.

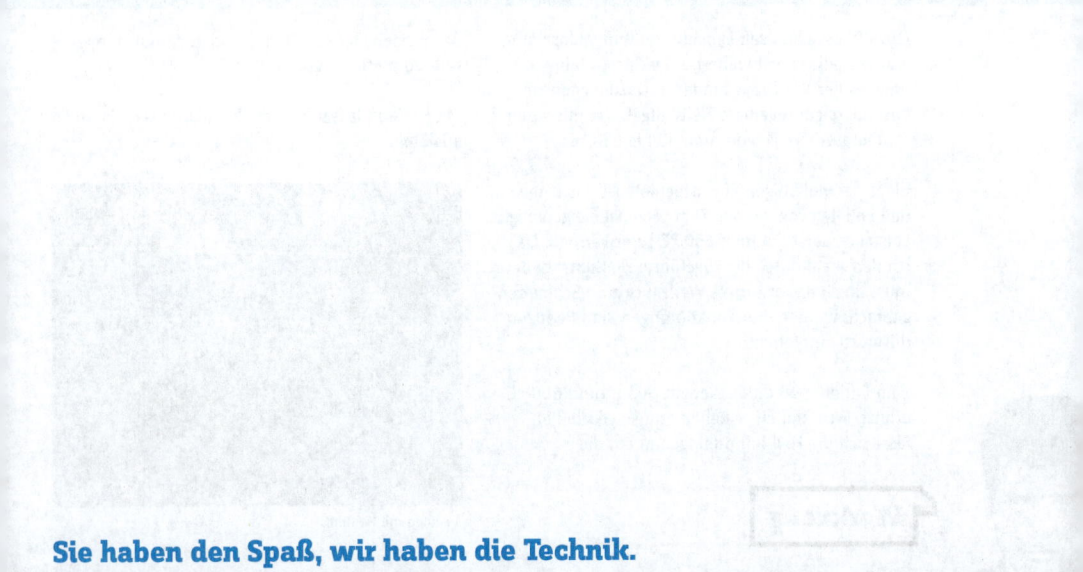

107 Lithium-Ionen-Akku

Lithium-Ionen-Akkus werden im RC-Modellbau kaum mehr genutzt und wurden von den Lithium-Polymer-Akkus weitgehend verdrängt. Sehr wohl findet man sie aber noch in Handys. Li-Ion-Akkus haben eine Betriebsspannung von 3,6 V. Sie kommen ohne festes Gehäuse in Normgrößen, so wie wir es von NiMH-Akkus oder Haushaltsbatterien kennen. Sie haben meist eine flache Bauweise. Der Akkutyp zeichnet sich durch seine sehr hohe Energiedichte und konstante Spannung aus, die über den gesamten Entladezeitraum ausgegeben wird. Li-Ion-Akkus haben keinen Memoryeffekt und punkten mit geringer Selbstentladung. Sie haben einen hohen Zellenwirkungsgrad von bis zu 96 %. Der Wirkungsgrad sinkt bei geringen Temperaturen stark ab.

RC-Modellsportler schätzen Li-Ion-Akkus wegen ihrer extrem kleinen und leichten Bauformen. Moderne Konion-Li-Ion-Akkus erlauben eine Dauerbelastung von 12 C und einen kurzzeitigen Spitzenstrom von 20 C.

Kenndaten	
Abkürzung	Li-Ion
Zellennennspannung	3,6 V
Minimale Zellenentladespannung	2,5 V
Ladezyklen	200 bis 500
Entladestrom	bis rund 12 C
Monatliche Selbstentladung	8 % der Nennkapazität

Modellbau & Modellbahn

Sie haben den Spaß, wir haben die Technik.

108 So funktioniert eine Solarzelle

Fotovoltaikanlagen basieren auf dem fotovoltaischen Effekt. Dabei wird Sonnenlicht direkt in elektrischen Strom umgewandelt. Die Solarzelle besteht aus einem Halbleiter. Dieser lässt sich weder den Leitern noch den Isolatoren zuordnen. Seine elektrischen Eigenschaften werden durch beigemengte Fremdstoffe geändert. Die Solarzelle besteht aus zwei aneinandergrenzende Halbleiterschichten. Die obere hat einen Elektronenüberschuss (negative N-Schicht), die darunterliegende eine positive P-Schicht mit Elektronenmangel. Daraus resultiert ein Stromfluss von der N- zur P-Zone.

Photonen, sehr kleine Elemente des Sonnenlichts, dringen durch die sehr dünne obere N-Schicht und gelangen zur sogenannten Raumladungszone, dem Übergangsbereich zwischen N- und P-Zone.

Hier geben sie ihre Energie an ein Elektron ab. Dieses bewegt sich und gelangt entsprechend dem inneren elektrischen Feld von der Raumladungszone zu den Metallkontakten der N-Schicht, die den Anschlüssen der Solarzelle entsprechen. Durch Anschließen eines Verbrauchers wird der Stromkreis geschlossen, woraufhin die Elektronen über ihn zurück zum Rückseitenkontakt der Solarzelle fließen und dort wieder zur Raumladungszone gelangen. Dort werden sie erneut angeregt. Solarzellen produzieren Gleichspannung.

Webcode: #32018

Energie

Sie haben den Spaß, wir haben die Technik.

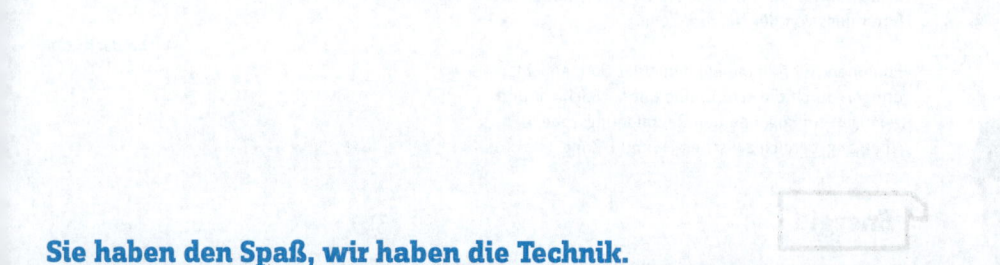

109 Outdoor-Navis

Outdoor-Navis unterscheiden sich beträchtlich von den in unseren Autos betriebenen Navigationssystemen. Sie sind speziell für den Einsatz im Freien konzipiert, sind wasserdicht und erlauben Betriebszeiten von bis 25 Stunden am Stück. Im Vergleich dazu: Ein mobiles Auto-Navi macht schon nach zwei bis vier Stunden schlapp.

Outdoor-Navis sind mit hochempfindlichen GPS-Empfängern und internen Empfangsantennen ausgestattet, die exakte Positionsbestimmungen auch in engen Schluchten oder dichten Wäldern zulassen. Ihre TFT-Farbdisplays sind auch unter Sonnenlicht gut ablesbar.

Outdoor-Navis arbeiten auch mit speziellem Kartenmaterial, das speziell für Outdoor-Anwendungen konzipiert ist. Die Navis zeichnen zurückgelegte Wege auf. So können sie bis an die 50 Routen mit bis zu 1.000 Wegpunkten speichern. Damit ist es jederzeit möglich, einen bereits zurückgelegten Weg zurückzugehen oder ihn Freunden zu empfehlen.

Hobby

Sie haben den Spaß, wir haben die Technik.

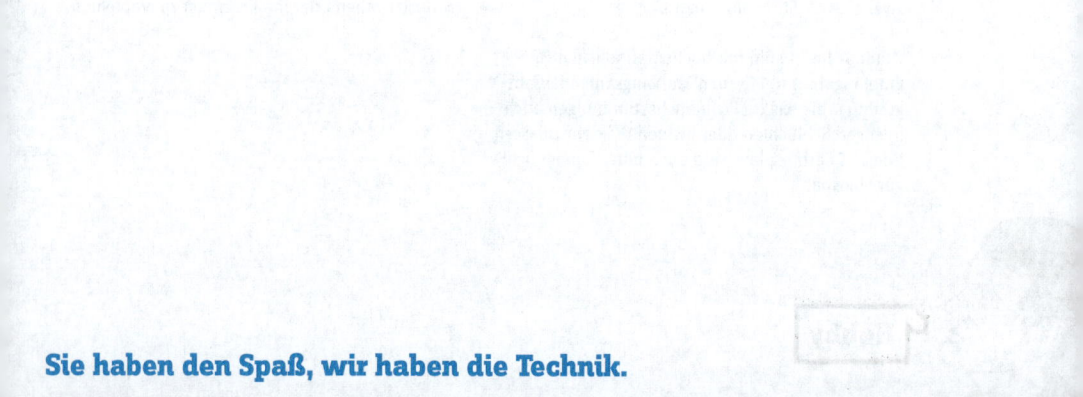

110 Wo ist Warnwestenpflicht?

Derzeit wird für jede Autofahrt nach und in Belgien, Österreich, Kroatien, Slowakei, Italien, Montenegro und Spanien mindestens eine Sicherheits- oder Warnweste benötigt. Auch in Norwegen und Portugal gibt es eine Warnwestenpflicht, die allerdings nur Fahrzeuge mit inländischem Kennzeichen betrifft.

Bei den Vorschriften in den einzelnen Ländern herrschen große Unterschiede. Während in einigen Ländern nur für den Fahrer eine Weste mitgeführt werden muss, ist in anderen Ländern eine Weste pro Sitzplatz Pflicht.

Es gibt sogar Länder, in denen man zwar keine Weste mitführen muss, aber eine Verwendungspflicht im Fall einer Panne oder eines Unfalls besteht!

Größtenteils besteht die Tragepflicht von Warnwesten bei Verlassen des Autos bei Unfällen und Pannen nur außerhalb von Ortschaften und auf Autobahnen. Wer dagegen verstößt, riskiert empfindlich hohe Bußgelder.

Webcode: #43004

Auto

Sie haben den Spaß, wir haben die Technik.

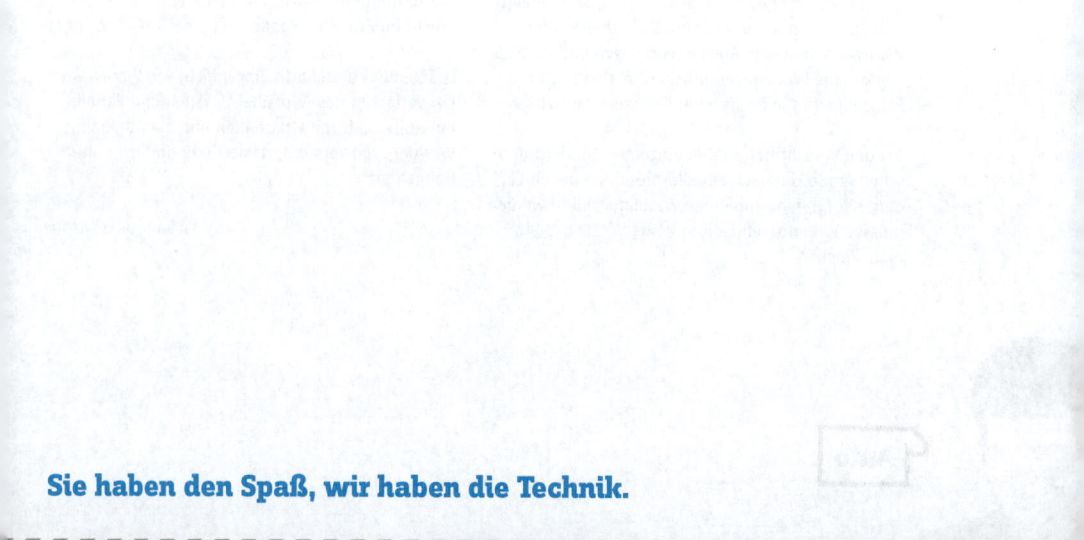

111 Stoßdämpferwirkung prüfen

Das RC-Car wird zuerst an der Vorderachse angehoben und anschließend fallen gelassen. Damit wird ein Stoß simuliert – hervorgerufen durch ein Schlagloch oder die Landung nach einem Sprung. Das Modell sollte nicht bis zum Anschlag einfedern und nur einmal ausfedern, ohne nachzuschwingen.

Auf gleiche Weise kann man auch die Stoßdämpfer an der Hinterachse testen, die sich genauso verhalten sollten.

Modellbau & Modellbahn

Sie haben den Spaß, wir haben die Technik.

112 Smart-Metering

Nur wenn Sie ihren Energieverbrauch und die Energiekosten im Detail kennen, haben Sie die Möglichkeit, Einsparungspotenziale zu erkennen und zu erschließen. Mit einem Smart-Metering-System, wie dem VSM-100 von Voltcraft, haben Sie die Gelegenheit, Ihren Stromverbrauch genauestens zu analysieren und Ihr Verbrauchsverhalten zu optimieren. Das intelligente Stromzählersystem erfasst kontinuierlich den Verbrauch und überträgt alle Daten per Funk an den PC, der für eine umfangreiche Auswertung sorgt. Die Vorteile eines solchen Systems sind vielfältig. Zu ihnen zählen:

- Sie sehen den aktuellen Stromverbrauch und Stromkosten live.
- Sie erkennen Energiesparpotenziale, die Sie wirkungsvoll nutzen können.
- Die Auswertungssoftware erstellt Bilanzen zu Stromverbrauch und Kosten für Jahr, Monat, Woche, Tag und Stunde – sogar mit CO_2-Öko-Bilanz.
- Datenschutz garantiert: Das System arbeitet autark, womit Ihr Stromlieferant keinerlei Informationen von Ihnen erhält.
- Geringer Installationsaufwand und einfache Bedienung.

Das Smart-Metering-System Voltcraft VSM-100 hilft Ihnen auf komfortable Weise, Ihren Stromverbrauch zu analysieren und Einsparungspotenziale aufzudecken und auszunutzen (Best.-Nr.: 12 54 41).

Webcode: #41030

Sie haben den Spaß, wir haben die Technik.

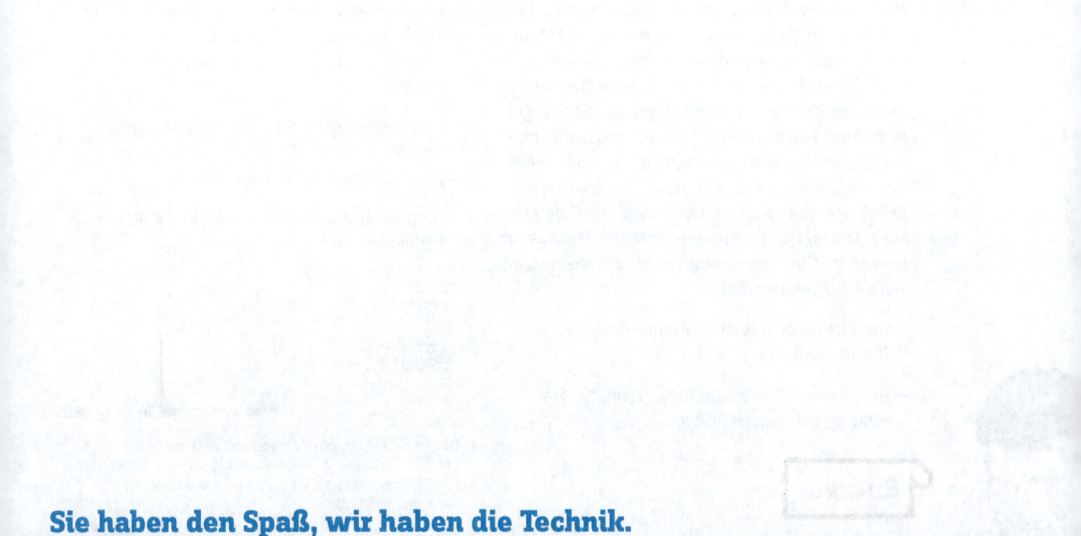

113 Es geht auch ohne Transformator

Halogenlampen sind vor allem als kompakte Spiegellampen bekannt, mit denen sich unauffällige Deckenbeleuchtungen realisieren lassen. Häufig kommen dabei Niedervoltlampen zum Einsatz, die mit einer Spannung von 12 oder 24 V arbeiten. Sie setzen einen Transformator voraus.

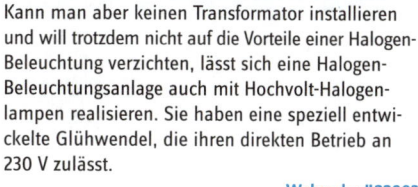

Kann man aber keinen Transformator installieren und will trotzdem nicht auf die Vorteile einer Halogen-Beleuchtung verzichten, lässt sich eine Halogen-Beleuchtungsanlage auch mit Hochvolt-Halogenlampen realisieren. Sie haben eine speziell entwickelte Glühwendel, die ihren direkten Betrieb an 230 V zulässt.

Webcode: #22003

Conrad-Hochvolt-Halogenlampe (Best.-Nr.: 57 08 62).

Haus & Garten

Sie haben den Spaß, wir haben die Technik.

114 Schrumpfschlauch-Basics

Schrumpfschläuche bestehen aus Kunststoffen, genauer gesagt aus Thermoplasten, die sich unter Hitzeeinwirkung zusammenziehen. Es gibt sie mit Durchmessern ab 1 mm. Wie sehr ein Schrumpfschlauch seinen Durchmesser verändert, wird vom verwendeten Material bestimmt. Das Schrumpfungsverhältnis bewegt sich zwischen 2:1 und 6:1. Für Spezialanwendungen ist auch 10:1 möglich. Zum Erreichen einer guten Abdichtung ist die Innenseite vieler Schrumpfschläuche mit einem Heißkleber beschichtet.

Da sich Schrumpfschläuche beim Erhitzen nicht nur im Durchmesser zusammenziehen, sondern auch etwas kürzer werden, sind sie ausreichend lang zu bemessen – etwa wenn damit zusammengelötete blanke Drahtenden isoliert werden sollen.

Die Schrumpftemperatur variiert bei den verschiedenen Schrumpfschlauchmodellen und bewegt sich zwischen 70 und 200 °C. Meist werden Schrumpfschläuche mit einem Heißluftgebläse geschrumpft. Alternativ dazu kann auch der Lötkolben verwendet werden, was aber etwas mehr Übung erfordert.

Wichtig beim Schrumpfen ist, die Wärmequelle nur so kurz wie unbedingt nötig auf den Schrumpfschlauch einwirken zu lassen. Denn sie erwärmt auch das Umfeld und könnte Kabelisolierungen beschädigen.

Webcode: #31049

Bauelemente

Sie haben den Spaß, wir haben die Technik.

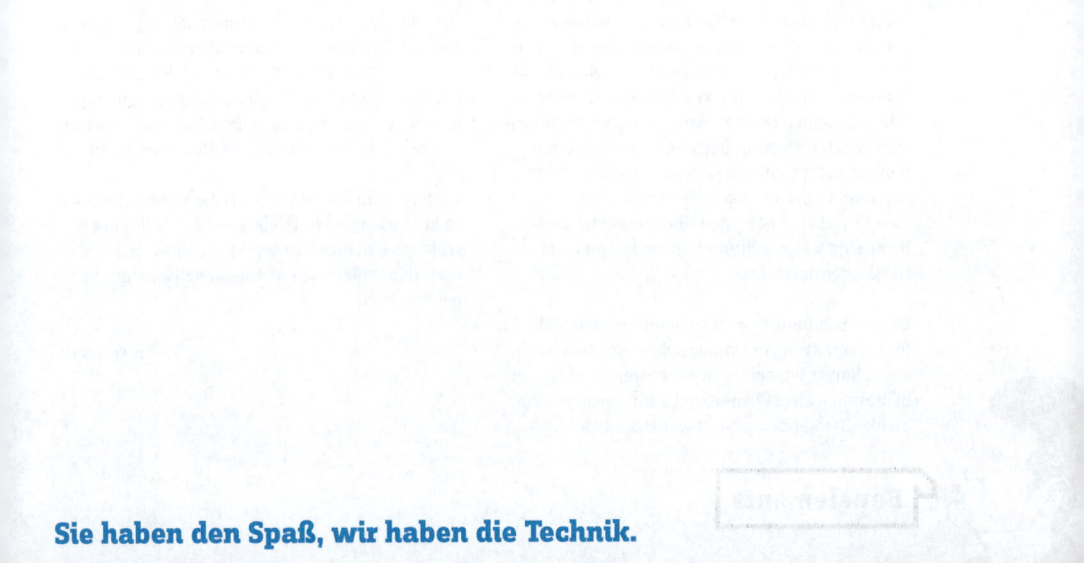

115 Notebook-Netzteil ersetzen

Das Netzteil ist für jedes Note- und Netbook lebenswichtig. Ist es defekt, muss schnell ein neues her. Dabei muss man nicht zwingend zu teuren Originalersatzteilen der Computerhersteller greifen. Denn auch für transportable PCs gibt es Universalnetzteile, die als Ersatz taugen. Was das neue Netzteil können muss, lässt sich am alten ablesen. Dabei sind drei Punkte wichtig:

- Ausgangsspannung: Sie gibt an, mit welcher Spannung der Computer betrieben wird. Das neue Universalnetzteil muss exakt die gleiche Spannung bereitstellen.

- Anschlusssteckerart und Polung: Neben der Steckerform ist deren Beschaltung entscheidend.

Eine kleine Grafik am Originalnetzteil gibt darüber Auskunft, ob der Pluspol am Innen- oder Außenleiter anliegt. Diese Steckerpolarität ist zwingend einzuhalten. Universalnetzteile können dazu umgepolt werden.

- Ausgangsstrom: Der vom Universalnetzteil gelieferte Ausgangsstrom sollte mindestens gleich hoch wie der des Originalnetzteils oder etwas höher sein.

Diese Regeln gelten übrigens auch für alle anderen zu ersetzenden Netzteile anderer Geräte!

Die Steckerpolarität ist zwingend zu beachten.

Computer & Office

Webcode: #41018

Sie haben den Spaß, wir haben die Technik.

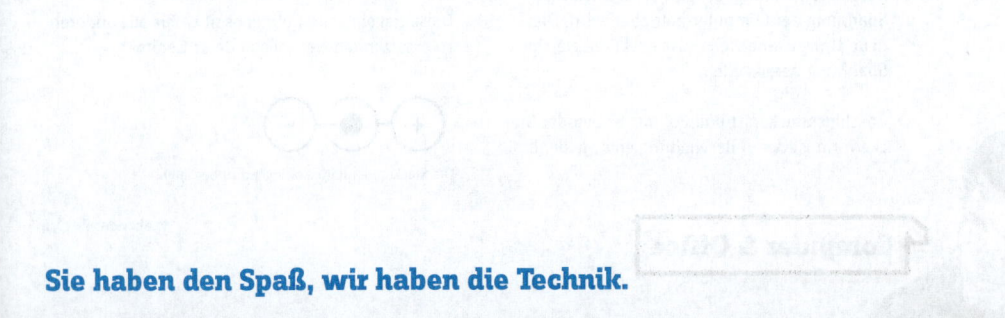

116 Das Ohr zur Welt

Rundfunkfernempfang ist ein spannendes Hobby. Alles was man dazu braucht, ist ein Weltempfänger, der meist nicht größer als ein Taschenbuch und somit der ideale Reisebegleiter ist. Die kleinen Radios haben es in sich. Sie empfangen auf UKW, Lang-, Mittel- und Kurzwelle Stationen aus aller Welt. Dank hochwertiger Technik und empfangsverbessernder Schaltungen kann man mit ihnen viele Sender hören, die mit einfachen Radios nicht zu bekommen sind. UKW empfangen sie sogar in Stereo.

Reiseweltempfänger arbeiten mit Netz- und Batteriebetrieb und sind an jedem Ort der Welt jederzeit einsatzbereit. Viele Modelle haben sogar eine Uhr eingebaut und können als Radiowecker eingesetzt werden. Reiseweltempfänger sind zwar etwas teurer als normale Taschen- und Kofferradios, erlauben aber eine ungleich größere Vielfalt an Einsatzmöglichkeiten, die schon zahllose Hobbyisten begeistert hat.

Webcode: #15049

Multimedia

Sie haben den Spaß, wir haben die Technik.

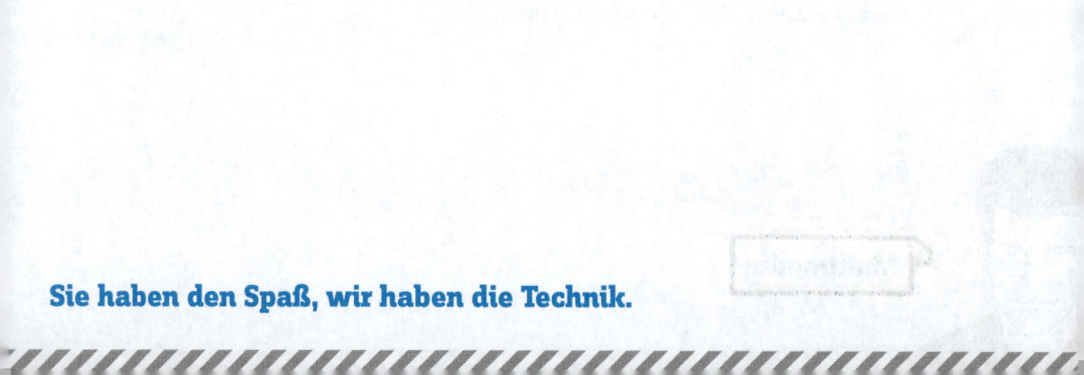

117 Gesundheitsschäden vermeiden

Im Berufsleben gehören Atemschutzmasken längst zum Alltag. Im Privatleben wird an sie allerdings noch kaum gedacht. Dabei kann auch der Handwerker oder Hausbauer mit die Atemwege gefährdenden Stoffen konfrontiert sein, etwa beim Umgang mit Zement, Lacken und Farbstoffen, Bauschutt und so weiter. Atemschutzmasken werden in drei verschiedenen Schutzklassen angeboten.

Filtrierende Halbmasken bestehen meist selbst aus dem Filtermaterial. Sie umschließen Mund und Nase und sind zum Einmalgebrauch gedacht. Masken sind zu tauschen, wenn sich der Atemwiderstand deutlich erhöht oder Gasgeruch bzw. -geschmack bemerkt wird. Bei der Schutzwirkung gibt es drei Klassen von 1 (niedrig) bis 3 (hoch).

Im Heimgebrauch ist meist Schutzklasse 2 ausreichend. Lediglich beim Umgang mit Dieselruß, Rauch, Dispersionsfarbe, Spritzmitteln und beim Schweißen ist Schutzklasse 3 angebracht.

Werkzeug

Sie haben den Spaß, wir haben die Technik.

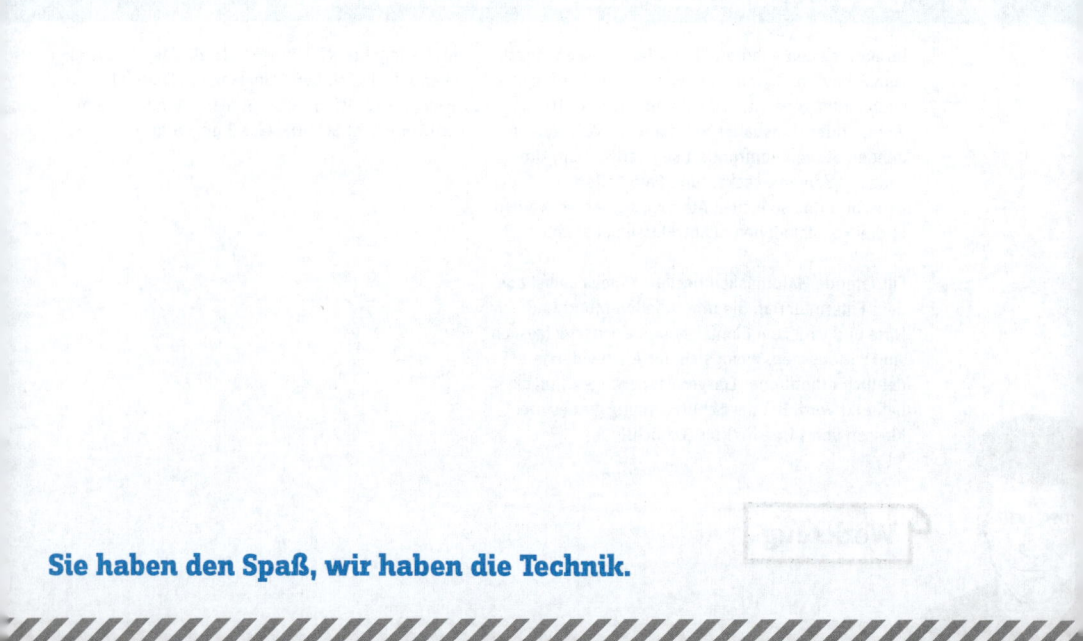

118 Profiladestationen

Hochwertige RC-Ladestationen sind durchweg Tischgeräte, die an der 230-V-Steckdose ebenso betrieben werden können wie über das 12-V-Bordnetz des Autos. Sie sind Modellbau-Universalladegeräte und für alle nur erdenklichen Akkutypen ausgelegt. Sie laden LiPo-, NiMH-, NiCd- und oft auch Li-Ion-Akkus und weitere Typen.

Modelle ab der gehobenen Mittelklasse verfügen über ein Display und sind programmierbar. Sie bearbeiten zum Beispiel bis zu 14-zellige NiCd- und NiMH- sowie bis zu sechszellige LiPo-Akkus. Ihre Ladeströme und -spannungen sind einstellbar und werden laufend überwacht. Das bringt maximale Akkulebensdauer und höchstmögliche Betriebszeiten.

Über die Schnellladefunktion lassen sich besonders kurze Ladezeiten erzielen, die den Akku dennoch nicht überlasten. Entladeprogramme helfen, schwächelnde Akkus wieder auf Vordermann zu bringen.

Frei programmierbare Lade- und Entladeparameter erlauben das Anpassen an Akkutypen.

Modellbau & Modellbahn

Sie haben den Spaß, wir haben die Technik.

119 Leicht installiert: Funkklingelsysteme

Die Hausklingel wurde bislang per Zweidrahtleitung mit dem Taster verbunden. Sie setzte somit einen nicht zu unterschätzenden Installationsaufwand voraus. Umso ärgerlicher, wenn dieser nach Umbauten im Wohnbereich gänzlich neu geschaffen werden muss.

Bequemer geht es mit Funkklingelsystemen. Sie reduzieren den Installationsaufwand auf beinahe null. Da sowohl die Klingel (der Sender) und die Glocke (der Empfänger) batteriebetrieben sind, reduziert sich der gesamte Installationsaufwand auf das Anschrauben beider Geräte an der Wand.

Die Reichweite solcher Funksysteme beträgt mindestens 100 m. Viele Modelle überbrücken auch bis zu 200 m.

Neben reinen Klingelanlagen werden auch Funktürsprechsysteme für noch mehr Komfort angeboten.

Webcode: #12018

Energie

Sie haben den Spaß, wir haben die Technik.

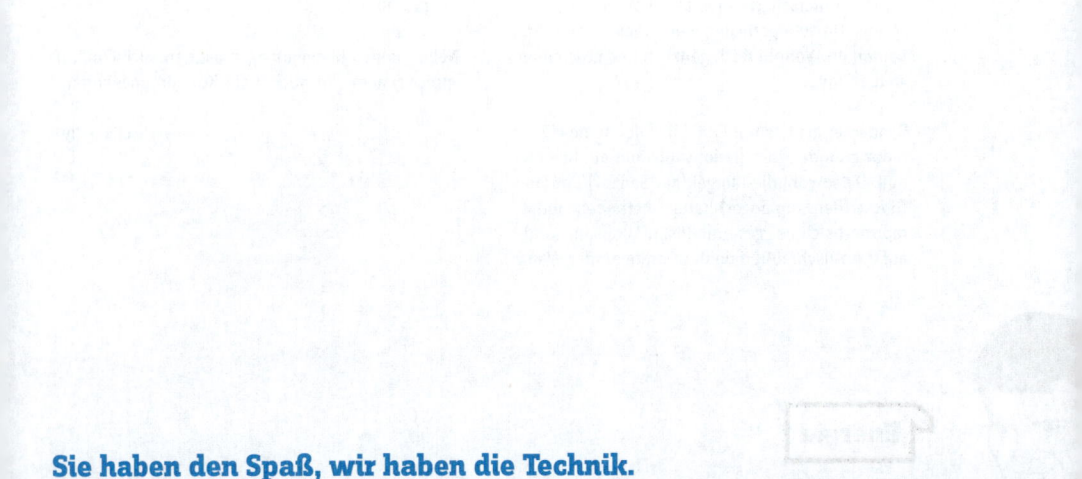

Kann ein Roboterstaubsauger die Treppe hinunterfallen?

Roboterstaubsauger, wie der Roomba von iRobot, verfügen über intelligente Sensoren, die Treppen oder andere unterschiedliche Ebenen erkennen. Sie veranlassen eine Kurskorrektur, die den Staubsauger rückwärts fahren lässt.

Es gibt aber Fälle, in denen die Sensoren nur unzureichend arbeiten, etwa bei abgerundeten Stufenkanten, rutschigen Oberflächen oder bei durch Schmutz verstopften Sensoren.

Nimmt der Roomba keine Kanten mehr wahr, müssen seine Sensoren auf Verschmutzung untersucht werden. Sind die Sensoren sauber und der iRobot funktioniert in anderen Teilen des Hauses, muss an für ihn gefährlichen Stellen eine Barriere errichtet werden, beispielsweise mit einer virtuellen Wand, die aufgebaut wird mithilfe von häufig mitgeliefertem Zubehör in Form kleiner, an gefährlichen Stellen aufzustellender Kästchen.

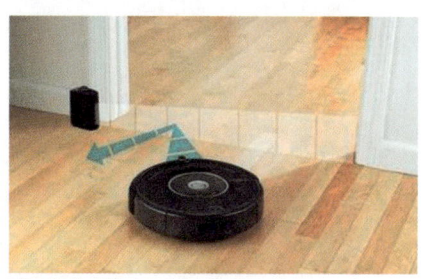

Mit virtuellen Wänden wird der Roboterstaubsauger daran gehindert, in für ihn gefährliche Bereiche zu fahren.

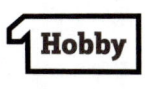

Hobby

Sie haben den Spaß, wir haben die Technik.

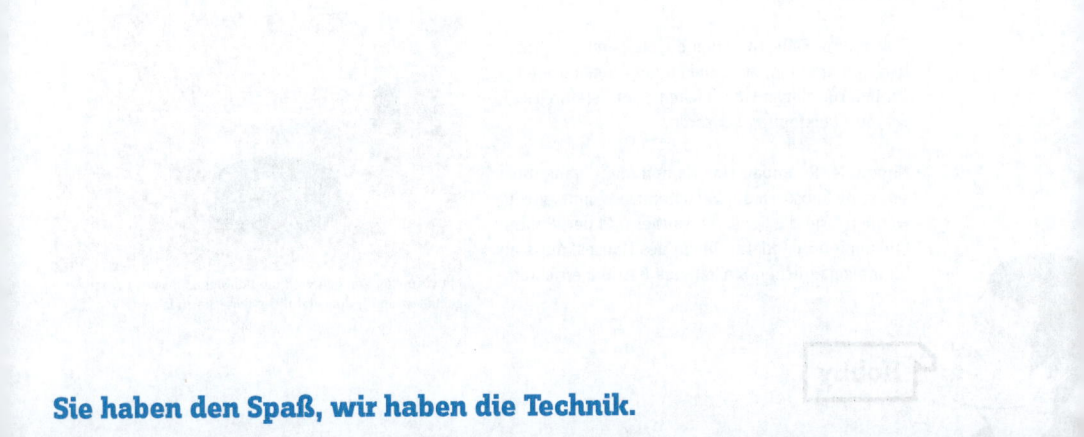

121 Sparen durch richtiges Heizen

Heizkosten lassen sich bereits durch richtiges Heizen reduzieren, und zwar durch Auswählen der Heiztemperatur. Denn je wärmer geheizt wird, desto höher sind der Energieaufwand und damit verbunden die Kosten. Pro Grad Wohnraumtemperatur kann man von etwa um 6 % höheren Heizkosten ausgehen. Damit macht es bereits einen spürbaren Unterschied, ob Sie Ihre Wohnung auf 24 oder 22 °C aufheizen. Da man es nicht in jedem Raum gleich warm braucht, genügt es, die Heizkörperthermostate entsprechend zurückzudrehen. In Schlafräumen genügen beispielsweise 16 bis 18 °C.

Moderne programmierbare Heizkörperregler mit eingebautem Thermostat lassen sich leicht an jedem Heizkörper nachrüsten. Pro Tag können mehrere Temperaturen festgelegt werden. So muss beispielsweise ein Badezimmer nicht rund um die Uhr mollig warm aufgeheizt sein. Es genügt, wenn es am Morgen und am Abend, also nur wenn man es nutzt, warm ist. Während des Tages oder der Nacht kann die Temperatur zurückgefahren werden. Auf diese Weise lassen sich, auch in anderen Räumen, bis zu 30 % Energiekosten sparen.

Haus & Garten

Sie haben den Spaß, wir haben die Technik.

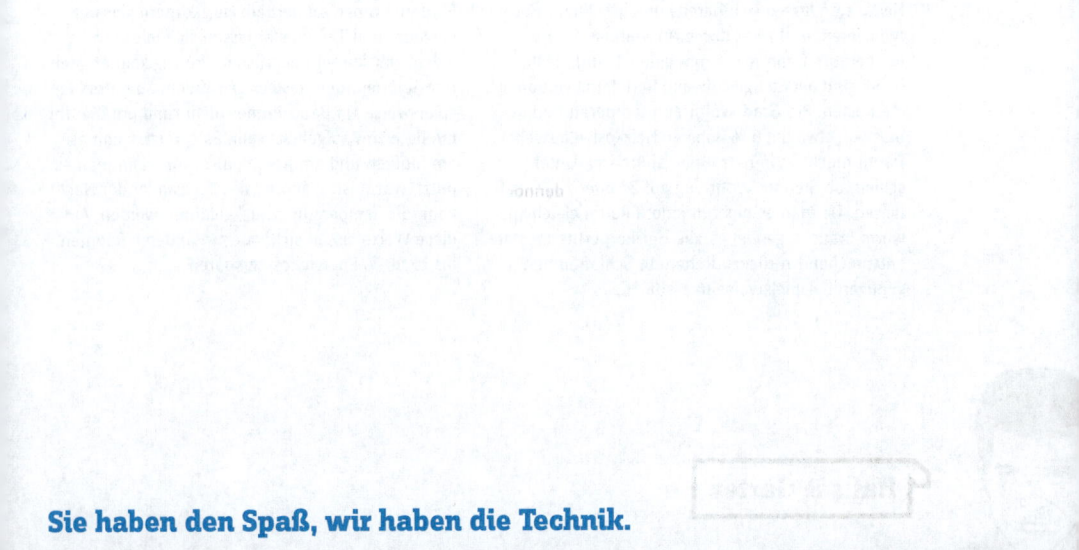

122 Autoantenne für besten Empfang

Das Auto zählt zu den Orten, in denen am meisten Radio gehört wird. Spaß macht Radio aber nur, wenn auch der Empfang zufriedenstellt. Für ihn können besonders kleinere Privatsender eine Herausforderung sein, da sie im Gegensatz zu den öffentlich-rechtlichen Programmen und den großen landesweiten Privatsendern nur über sehr leistungsschwache Sendeanlagen verfügen. Um sie dennoch gut hören zu können, ist eine gute Antenne wichtig.

Nur allzu oft zeigt sich, dass die in den Autos ab Werk eingebauten Scheibenantennen zwar unauffällig sind, aber kaum gute Empfangsleistungen liefern. Sie genügen meist nur für den Empfang der üblichen Ortssender.

Die besten Empfangsleistungen bringen klassische Teleskopantennen, egal ob motorisiert oder nicht. Mit einer Länge von rund 85 cm sind sie optimal an den UKW-Frequenzbereich angepasst und bieten meist bessere Empfangsleistungen als manche kürzere Antenne mit nachgeschaltetem Verstärker.

1 Auto

Sie haben den Spaß, wir haben die Technik.

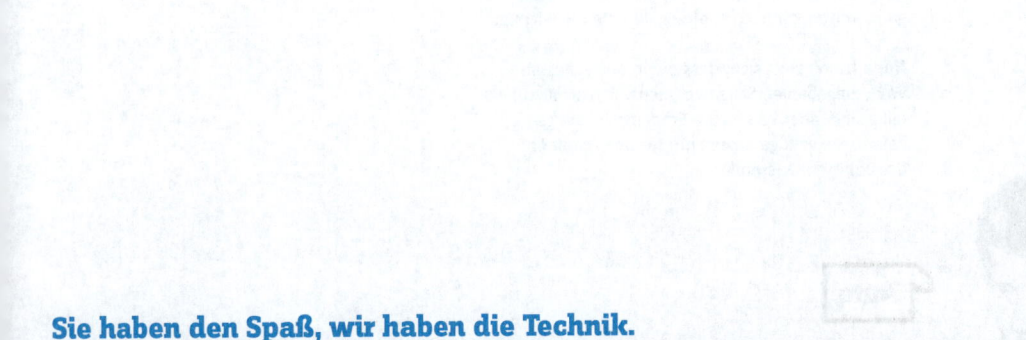

123 Batterien und Akkus richtig entsorgen

Alte Batterien und Akkus dürfen nicht mehr über den Haus- bzw. Restmüll entsorgt werden. Sie müssen bei Recyclinghöfen oder Sammelsystemen der GRS (Stiftung Gemeinsames Rücknahmesystem Batterien) abgegeben werden. Davon betroffen sind alle Arten von Batterien, unabhängig von ihren Abmessungen, ihrem Gewicht, ihrer chemischen Zusammensetzung oder ihrem Einsatzgebiet. Das gilt auch für Batterien, die in Geräten eingebaut oder ihnen beigefügt sind. Als Verbraucher sind Sie im Rahmen des Batteriegesetzes zur fachgerechten Entsorgung aller Batterien verpflichtet. Eine Entsorgung über den Hausmüll ist untersagt!

Selbstverständlich hat auch Conrad Electronic seine Batterien und Akkus bei einem Rücknahmesystem angemeldet. Die Conrad Electronic zugeteilte Nutzungsvertragsnummer bei GRS lautet Nr. 9808028. Beim Umweltbundesamt ist Conrad Electronic unter der Melderegisternummer 21000797 im Melderegister eingetragen.

Für alle bei Conrad Electronic erworbenen Batterien und Akkus bedeutet dies, dass sie problemlos und fachgerecht genauso leicht entsorgt werden können wie alle anderen Batterien und Akkus.

Energie

Sie haben den Spaß, wir haben die Technik.

124 Revolution in der Fernwartung und -steuerung

M2M ist die Abkürzung von Machine to Machine und ist eine Form der drahtlosen Kommunikation zwischen vernetzten Geräten. M2M führt räumlich weit voneinander entfernte Informationen zusammen, wie etwa von Maschinen, Überwachungskameras oder Automaten, und vernetzt diese. Die Übertragung der Datenmengen und die Kommunikation, wie Messung, Steuerung und Überwachung, erfolgt drahtlos über Mobilfunknetze, wobei schnelle Übertragungsstandards wie UMTS, HSDPA und GPRS zum Einsatz kommen. M2M wird laufend erweitert und mit neuen Zusatzfunktionen ausgestattet, um eine wachsende Zahl von Einsatzbereichen zu ermöglichen und auch effiziente Businesslösungen zu schaffen.

M2M erlaubt das Überwachen und Steuern von Maschinen etc. über Mobilfunknetze.

Webcode: #41020

Bauelemente

Sie haben den Spaß, wir haben die Technik.

125 32- oder 64-Bit-Prozessor?

32-Bit-Prozessoren erlauben nur den Zugriff auf einen Arbeitsspeicher von 4 GByte, auch wenn im Computer größere Speicher verbaut sind. Oft liegt die tatsächlich nutzbare Größe sogar darunter, nämlich bei 3,5 oder gar nur 3 GByte. Die 64-Bit-Variante von Windows 7 unterstützt in der Home-Premium-Variante Arbeitsspeicher mit bis zu 16 GByte Größe, in professionellen Varianten sogar bis 192 GByte.

Um von diesem verbesserten Leistungsumfang profitieren zu können, muss im Computer ein 64-Bit-Prozessor arbeiten. Mittlerweile sind nahezu alle aktuellen Prozessoren 64-Bit-tauglich. Dabei gilt es, die gesamte Hardware im Blickfeld zu behalten, denn auch sie erfordert 64-Bit-Treiber, die bei gängigen Produkten inzwischen üblich sind. Grundsätzlich sollte man sich jedoch bereits im Vorfeld erkundigen, ob für alle vorhandenen Hardwarekomponenten 64-Bit-Treiber verfügbar sind.

Webcode: #36019

Computer & Office

Sie haben den Spaß, wir haben die Technik.

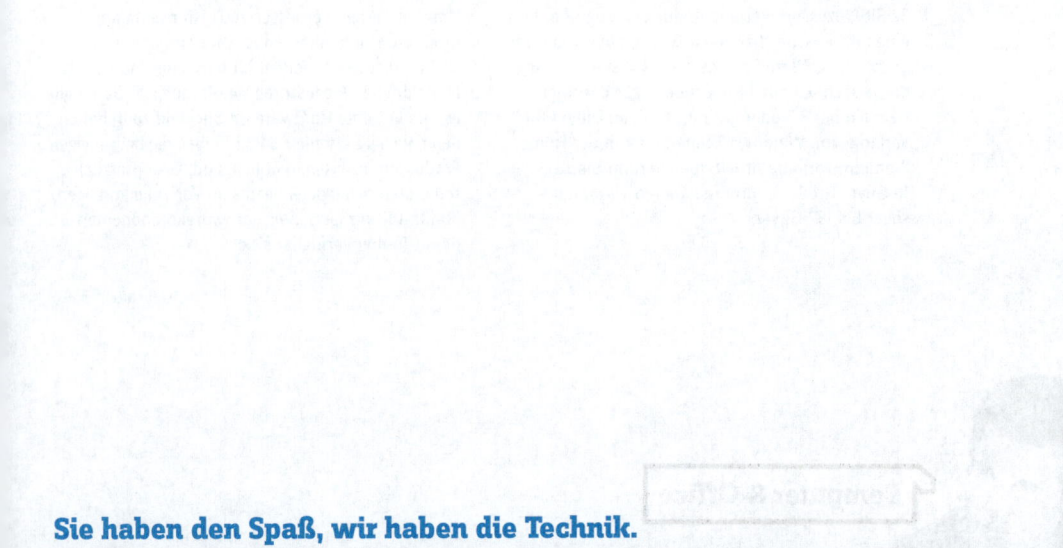

126 Vorzüge von Faxgeräten

In Zeiten von Internet und E-Mail möchte man meinen, Faxgeräte seien Schnee von gestern. Sie haben aber Vorzüge, die von der modernen IP-basierten Kommunikation nicht geboten werden. An erster Stelle steht die abhörsichere Übertragung von Inhalten. Die Inhalte können durch Unbefugte weder abgefangen, mitgelesen noch verändert werden. Damit genießen Faxe auch den Charakter von Dokumenten, weil sie fälschungssicher sind. Aus diesem Grund werden zum Teil von Firmen nach wie vor nur per Fax eingegangene Bestellungen angenommen.

Das Fax hat aber auch den Vorteil, dass es sich zur schnellen Textübermittlung auch ohne PC eignet, womit sich auch handschriftliche Notizen oder Zeichnungen übertragen lassen, ohne diese erst einscannen zu müssen.

Faxgeräte sind nebenbei auch multifunktionell geworden. Sie erlauben es, Dokumente zu kopieren, haben oft ein Telefon mit eingebaut, teils sogar in schnurloser Variante, erlauben das Versenden und Empfangen von SMS und haben selbstverständlich einen Anrufbeantworter an Bord.

Webcode: #35070

Haus & Garten

Sie haben den Spaß, wir haben die Technik.

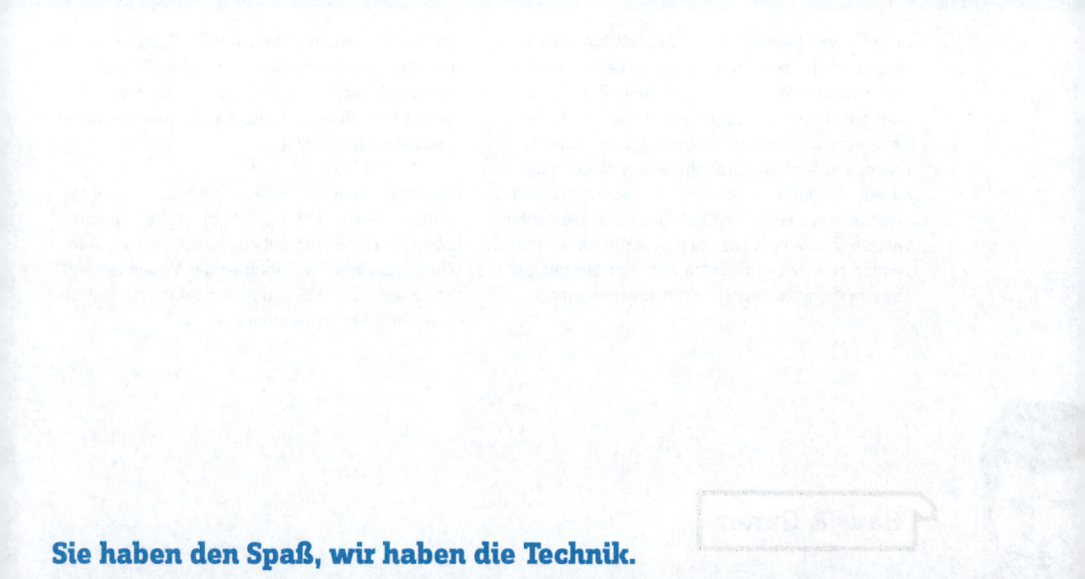

127 Hausautomatisation schreckt Diebe ab

Ist man im Urlaub, macht sich das für Außenstehende bemerkbar, weil etwa Rollläden Tag und Nacht geschlossen bleiben oder mitunter wochenlang kein Licht brennt. Intelligente Hausautomatisationsanlagen können selbsttätig das Licht in mehreren Räumen zu verschiedenen Zeiten ein- und ausschalten. Sofern sie einen Zufallsmodus erlauben, lässt sich auch kein jeden Abend gleiches Muster erkennen. Zudem vermögen sie weitere Geräte zu schalten, die eine Simulation vortäuschen können – zum Beispiel ein Radio, das während des Tages eingeschaltet wird. Auch das Steuern der Jalousien ist möglich.

Werden in der Haussteuerung auch Bewegungsmelder mit eingebunden, können diese im Fall eines Einbruchs für Alarm sorgen und beispielsweise Überwachungskameras aktivieren. Damit verschmelzen klassische automatisierte Haussteuerungsfunktionen komfortabel mit den individuellen Anforderungen angepasster Alarmanlagen.

Webcode: #42002

Haus & Garten

Sie haben den Spaß, wir haben die Technik.

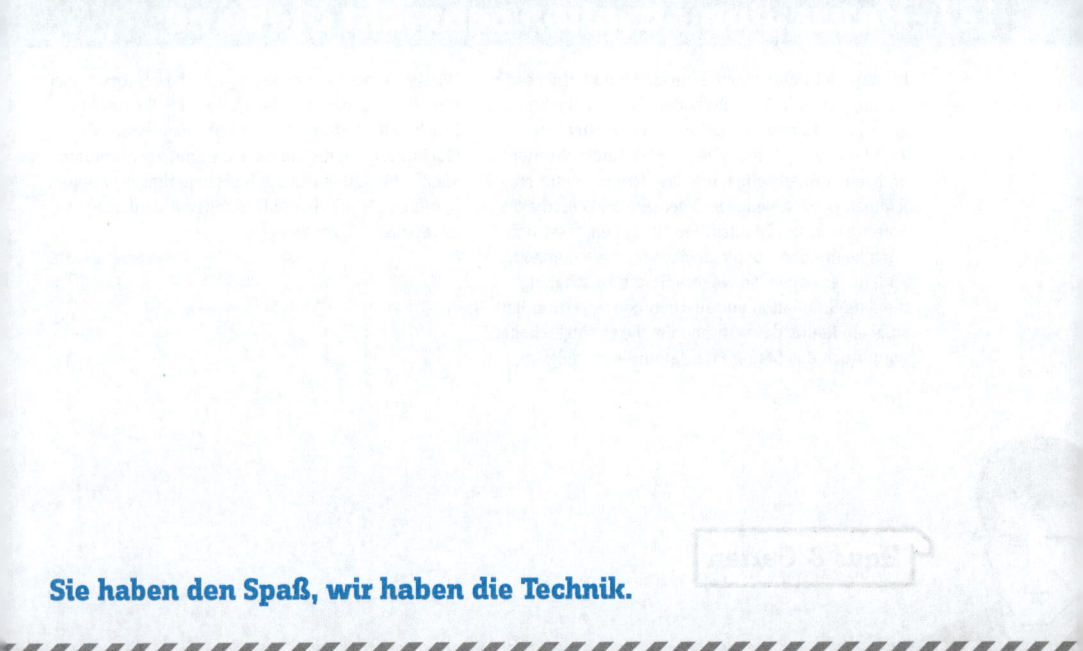

128 Worauf beim Funkscanner achten?

Funkscanner gibt es in verschiedenen Preisklassen und Ausführungen. Sie unterscheiden sich beispielsweise in den Frequenzbereichen, die von ihnen abgedeckt werden. Gerade hier gilt es darauf zu achten, dass die Geräte die spannendsten Bänder abdecken. Als absolutes Mindestmaß gilt der Bereich von 108 bis 174 MHz. Auch der Bereich von rund 400 bis 512 MHz gilt als sehr spannend.

Die besten Karten hat man dann in der Hand, wenn das Gerät durchgehend von 108 bis 512 MHz abstimmbar ist. Sehr gute Geräte decken sogar lückenlos den Bereich von der Langwelle bis weit in den GHz-Bereich ab.

Wichtig sind auch die Frequenzraster, in denen sich der Scanner abstimmen lässt. Hier sollte er vor allem möglichst viele kleine Schrittweiten beherrschen. Denn nur sie erlauben das exakte Abstimmen auf jegliche Art von Signalen. Schrittweiten von 5, 6,25, 8,33, 10 und 12,5 kHz sollte er jedenfalls an Bord haben.

Zuletzt sollte das Gerät viele Modi beherrschen, wie Schmalband- und Breitband-AM und -FM sowie SSB.

Webcode: #35072

Hobby

Sie haben den Spaß, wir haben die Technik.

129 Welche Sicherheitsausrüstung?

Starthilfekabel: Laut Pannenstatistik zählen leere Batterien zu den häufigsten Gründen, weshalb ein Auto nicht mehr fährt. Besonders älteren Batterien machen tiefe Wintertemperaturen zu schaffen. Mit einem Starterkabel kann man das Auto wieder in Gang bringen, wenn man einen Autofahrer gefunden hat, der Starthilfe gibt. Idealerweise nutzt man ein Starterkabel mit Safetronik. Sie verhindert gefährliche Spannungsspitzen beim Anklemmen der Batterie und schützt die Motorsteuerung, ABS und so weiter vor gefährlicher Überspannung.

Pannensets: Sie stopfen Löcher in Reifen in Minutenschnelle und erlauben die Fahrt zur nächsten Werkstatt.

Warndreieck: Das Mitführen eines Warndreiecks ist Pflicht. Zur Absicherung einer Unfall- oder Pannenstelle im Straßenverkehr ist es gut sichtbar am Fahrbahnrand aufzustellen.

Verbandskasten: Was ein Verbandskasten enthalten muss, ist nach DIN 13164-B und der StVZO § 35 h geregelt. Der Verbandskasten ist regelmäßig zu erneuern.

Webcode: #43004

Auto

Sie haben den Spaß, wir haben die Technik.

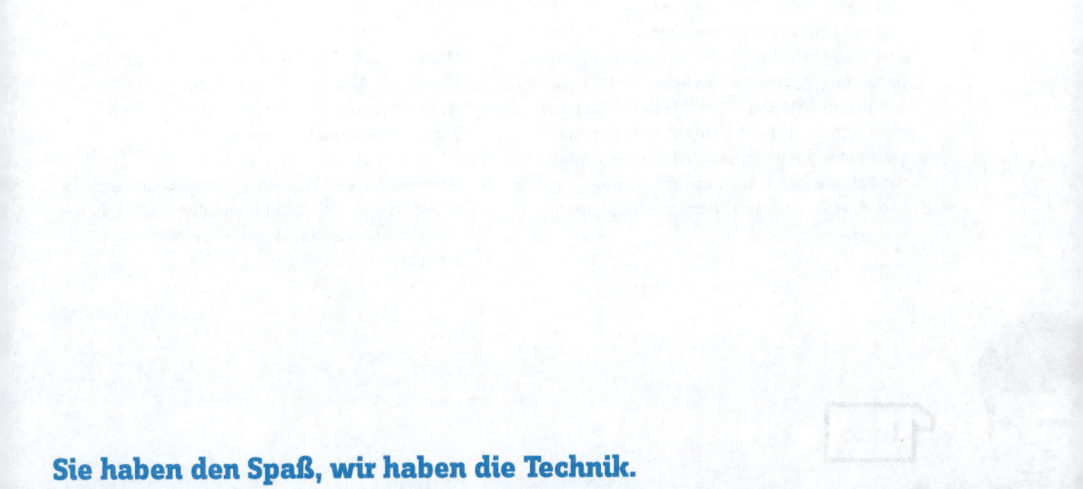

130 Wasserschäden vermeiden

Wer schon die zerstörende Wirkung von Wasser erlebt hat, weiß Vorsorgemaßnahmen zu schätzen. Ein platzender Schlauch an der Waschmaschine oder dem Geschirrspüler oder eine überlaufende Badewanne können für gravierende Schäden sorgen.

Wassermelder schlagen laut Alarm, sobald sie Wasser orten. Verschiedene Modelle unterbrechen teils direkt, teils über Funksteuersysteme die Stromzufuhr zu Waschmaschine und Co., wodurch der weitere Wasseraustritt gestoppt werden kann – was überaus nützlich sein kann, wenn man die Wäsche während der eigenen Abwesenheit waschen lässt.

In ein Haussteuerungssystem eingebundene Wassermelder können auch automatisiert Alarm über E-Mail oder Telefon schlagen.

Webcode: #12014

Haus & Garten

Sie haben den Spaß, wir haben die Technik.

131 Das ohmsche Gesetz

Das ohmsche Gesetz beschreibt den linearen Zusammenhang zwischen Spannung, elektrischer Stromstärke und dem elektrischen Widerstand. Damit lassen sich an einzelnen Bauteilen die an ihnen auftretenden Spannungsabfälle sowie der durch sie fließende Strom und deren Widerstand errechnen.

R = U/I

- R Widerstand in Ohm [Ω]
- U Spannung in Volt [V]
- I Stromstärke in Ampere [A]

Durch Formelumwandlung lässt sich mit dem ohmschen Gesetz neben dem Widerstand R auch der Spannungsabfall U an einem Verbraucher oder der durch ihn fließende Strom I berechnen. Dazu werden die Formeln U = I x R und I = U / R angewendet.

Anwendungsbeispiel:
Durch einen Widerstand von 4 Ω fließt ein Strom von 3 A. Wie hoch ist der Spannungsabfall am Widerstand?

U = I x R
3 A x 4 W = 12 V

Zusammenhang zwischen Strom, Spannung und Widerstand nach dem ohmschen Gesetz.

Bauelemente

Sie haben den Spaß, wir haben die Technik.

132 Datenspeicher Speicherkarte

Speicherkarten kommen meist in Digitalkameras, Videokameras und Handys zum Einsatz. Aktuelle Modelle speichern bis zu 64 GByte und sind somit schon ernst zu nehmende, extrem kleine Datenspeicher. Viele Rechner haben einen SD-Slot eingebaut, über den SD-Speicherkarten schnell und bequem ausgelesen werden können. Daneben gibt es aber auch eine Reihe weiterer Speicherkartenformate, wie Compact Flash oder den Memory-Stick.

Zum Auslesen aller Speicherkartentypen bieten sich Speicherkartenlesegeräte an, die per USB mit dem Rechner zu verbinden sind. Sie akzeptieren nicht nur alle erdenklichen Speicherkarten, sie erlauben auch, auf sie beliebige Daten zu schreiben.

Am Rechner wird somit die Speicherkarte als weiteres Laufwerk erkannt, das uneingeschränkt genutzt werden kann. Damit lassen sich unter anderem auch Textdateien, Tabellen und so weiter darauf ablegen.

Besonders praktisch: Hat man mal auf die Schnelle kein Speichermedium zur Hand, kann man Daten auch auf die Speicherkarte der Digitalkamera schreiben.

Webcode: #16071

Computer & Office

Sie haben den Spaß, wir haben die Technik.

133 LNB-Typen

Der LNB ist im Brennpunkt der Sat-Schüssel montiert. Er empfängt die Programme vom Satelliten und leitet sie zum Receiver weiter. LNB gibt es für verschiedene Einsatzgebiete in zahlreichen Ausführungen.

Single-LNB: Er hat nur eine F-Buchse zum direkten Anschluss eines einzigen Receivers und ist ausschließlich für Einteilnehmeranlagen geeignet.

Twin-LNB: Er ist für Zweiteilnehmeranlagen vorgesehen. An seinen beiden F-Buchsen führen direkte Sat-Antennenleitungen zu den beiden Receivern oder einem Gerät mit Doppeltuner. Eine spätere Aufrüstung auf mehrere Teilnehmer ist nicht möglich.

Quad-LNB: An seinen vier Ausgängen können bis zu vier Receiver direkt betrieben werden. Der erforderliche Multischalter ist bereits im LNB-Gehäuse integriert. Damit ist der Quad-LNB die typische Empfangseinheit für eine Mehrteilnehmeranlage in Einfamilienhaushalten.

Octo-LNB: Der Octo-LNB besitzt acht Sat-Zf-Ausgänge, an denen bis zu acht Receiver direkt angeschlossen werden können. Da Octo-LNBs groß und schwer sind, setzen sie einen stabilen LNB-Arm der Sat-Antenne voraus.

Quatro-LNB: Er besitzt ebenfalls vier Ausgänge, von denen jeder einen genau definierten Teil des Sat-Frequenzspektrums bereitstellt. Da ein eingebauter Multischalter fehlt, kann dieser LNB-Typ nur gemeinsam mit einem externen Multischalter betrieben werden. Mit dem Quatro-LNB werden größere Verteilanlagen realisiert.

Multimedia

Webcode: #45013

Sie haben den Spaß, wir haben die Technik.

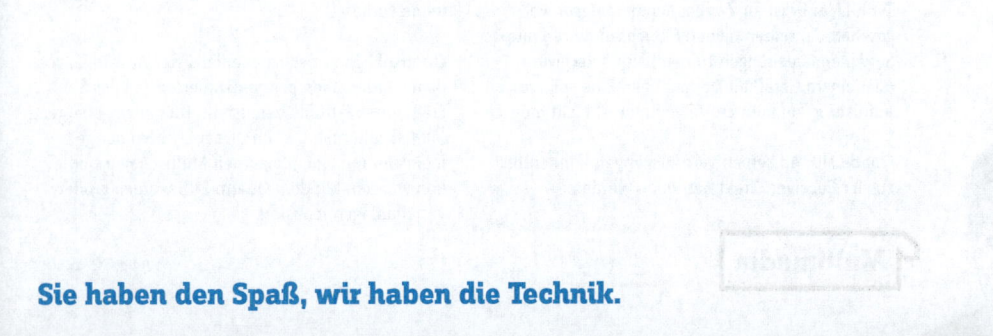

134 Schützen Sie Ihr Gehör

In Skandinavien zum Beispiel gehören Kapselgehörschützer, die aussehen wie große Kopfhörer, seit Jahrzehnten zum Alltagsleben, etwa wenn man zu Hause mit einem lauten Benzinrasenmäher den Rasen mäht oder mit einer Kreissäge Holz schneidet.

Andernorts weiß man also schon lange, dass das eigene Gehör ein mehr als schützenswertes Gut ist. Demnach sollten auch wir unser Gehör schützen.

Für leichte bis mittlere Lärmentwicklung empfehlen sich Einweg- oder Mehrweg-Gehörschutzstöpsel. Für mittlere bis sehr hohe Lärmentwicklungen sind Kapselgehörschützer anzuraten.

Die Schutzwirkung wird anhand des sogenannten SNR-Werts ausgedrückt. Je höher er ist, umso höher ist die Schutzwirkung. Einfache Stöpsel haben einen SNR-Wert zwischen etwa 15 und 25 dB, hochwertiger Gehörschutz geht bis etwa 35 dB.

Modellbau & Modellbahn

Sie haben den Spaß, wir haben die Technik.

135 LiPo-Akku richtig pflegen

Ein LiPo-Akku darf keinesfalls tiefentladen werden. Wurde er unter seine Entladeschlussspannung entladen, wirkt sich das erst beim nächsten Einsatz aus, weil der Akku dann nur noch eine stark verkürzte Betriebsdauer bereitstellt. Die Akkukapazität kann nachfolgend sehr rasch auf 50 % oder weniger der Nennkapazität abfallen, womit kaum noch an einen RC-Einsatz zu denken ist.

Da LiPo-Akkus sehr empfindlich auf Tiefentladungen reagieren, dürfen sie nicht im leeren Zustand gelagert werden. Sie würden sich währenddessen weiter entladen und dabei ganz von selbst kaputtgehen.

Wenn LiPo-Akkus länger als eine Woche nicht benötigt werden, sind sie auf rund 50 % ihrer Nennkapazität aufzuladen, was einer Zellenspannung von ca. 3,85 V entspricht. Bei diesem Ladezustand ist der chemische Zerfall am geringsten, womit auch längere Lagerungszeiten problemlos überstanden werden.

Modellbau & Modellbahn

Sie haben den Spaß, wir haben die Technik.

136 Energiesparen durch bedarfsgerechtes Heizen

Einfache Heizsysteme arbeiten mit einem Außentemperaturfühler. Ist es draußen kalt, schaltet die Heizung ein. Ist es warm, schaltet sie aus. Unberücksichtigt dabei bleibt die Tageszeit und ob man überhaupt zu Hause ist. Damit verbunden ist auch ein unnötiger Energieaufwand, der insbesondere bei Ölheizungen mehr als schmerzt.

Für Abhilfe sorgen Thermostate. Heute übliche Modelle sind programmierbar und lassen mehrere Schaltzeiten mit unterschiedlichen Temperaturen im Verlauf des Tages zu. Auch gehört eine Wochentagsprogrammierung bereits zum allgemeinen Standard. Ist man während der Woche außer Haus, sprich bei der Arbeit, braucht es in der Wohnung oder dem Haus nicht mollig warm zu sein. Damit kann während des Tages eine Reduzierung der Raumtemperatur stattfinden. Thermostate sorgen ebenfalls dafür, dass sich die Heizung wieder zeitgerecht einschaltet und es warm ist, wenn man nach Hause kommt. Selbstverständlich erfassen moderne Thermostate auch Wochenenden, an denen wir zu Hause sind.

Energie

Sie haben den Spaß, wir haben die Technik.

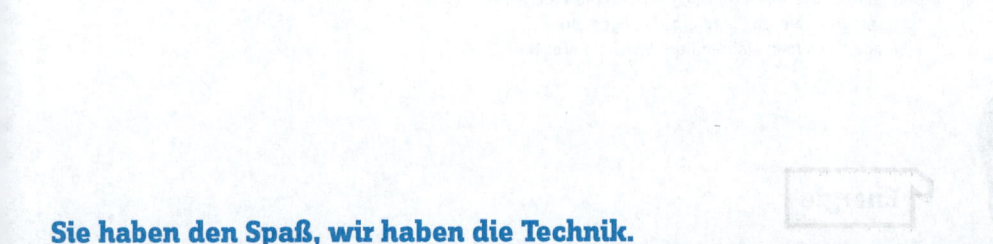

137 Modellbahn mit Gebäuden verschönern

Gebäude verschönern jede Modellbahnanlage. Achten Sie bei der Auswahl der Gebäude jedoch darauf, dass sie mit dem rollenden Material zusammenpassen. Genauso wie Loks und Wagen werden auch Gebäude in verschiedene Epochen eingeteilt. Sie helfen, die Anlage zu einem schönen Gesamtbild zu gestalten. Vermeiden Sie auch schlimme Stilbrüche wie amerikanische Loks und Wagen mit Gebäuden einer deutschen Altstadt.

Hinter den einzelnen Spurweiten wie H0 und N stecken verschiedene Maßstäbe, die sich auch auf die Gebäude niederschlagen. So haben etwa H0-Häuser nichts auf einer N-Anlage verloren. Damit Sie zu Gebäuden in der richtigen Größe greifen, sind diese ebenfalls mit den üblichen Spurweitenbezeichnungen kenntlich gemacht. Die meisten Gebäude gibt es für H0, weil diese Spurweite unter Modellbahnern auch am weitesten verbreitet ist.

Webcode: #33084

Modellbau & Modellbahn

Sie haben den Spaß, wir haben die Technik.

138 Tolle Lichteffekte für Band und Partykeller

Hier stellen wir eine Auswahl an Effektleuchten und -maschinen vor, die jedes Event zum Knüller werden lässt:

PAR-Strahler: Sie sind die am weitesten verbreiteten Scheinwerfer.

Halogen-Lichteffekte: Lichteffekte mit Halogen-Leuchtmitteln liefern sehr helle und farbintensive Lichtstrahlen. Sie kommen als Linsenscheinwerfer oder Moving-Head-Spotlight zum Einsatz.

Laser, Stroboskope: Sie zählen heute zur Grundausstattung eines jeden Partykellers, arbeiten mit einem bis zwölf Blitzen pro Sekunde und sorgen stets für begeistertes Staunen.

Effektmaschinen: Zu ihnen zählen Nebelmaschinen. In Verbindung mit Effektlampen und gebündeltem Licht sorgen sie für spannende Effekte.

Webcode: #36046

Hobby

Sie haben den Spaß, wir haben die Technik.

139 USB-Geräte unterwegs im Auto laden

Kleinelektrogeräte, die über eine USB-Buchse zu laden oder mit Strom zu versorgen sind, werden immer zahlreicher. Damit ihnen auch unterwegs nicht der Saft ausgeht, können sie über spezielle Zigarettenanzünder-USB-Adapter geladen werden. Davon gibt es zwei Varianten, eine mit eingebauter USB-Buchse, an die ein USB-Kabel anzudocken ist, und eine mit USB-Stecker, der an einem Ladekabel angeschlossen ist. Er erlaubt die Verbindung mit der USB-Buchse am Gerät.

Kfz-USB-Netzteil für Zigarettenanzünder (Best.-Nr.: 51 83 86).

Webcode: #23048

Auto

Sie haben den Spaß, wir haben die Technik.

140 Funkalarmanlage nachträglich installieren

In Zeiten steigender Einbruchzahlen gewinnen Alarmanlagen an Bedeutung, und zwar nicht nur in Neubauten, wo sie von Beginn an vorgesehen sind, sondern auch für Altbauten. Oft schrecken deren Besitzer jedoch vor der Installation einer solchen zurück, weil dies ihrer Meinung nach einen enormen Installationsaufwand nach sich ziehe.

Tatsächlich lässt sich dieser mit Funkalarmanlagen gegen null reduzieren. Das Verlegen von Steuerleitungen und damit verbunden das Aufstemmen von Wänden oder das Verlegen hässlicher Kabelkanäle kann entfallen.

Bewegungs-, Tür- und Fenstermelder sind durchweg batteriebetrieben und erfordern demnach keine eigene Stromversorgung. Sie brauchen nur an den zu überwachenden Türen, Fenstern oder Räumen an geeigneter Stelle mit wenigen Handgriffen angeschraubt zu werden.

Die Funkalarmzentrale lässt sich an jedem beliebigen Ort installieren, womit ihre Stromversorgung, die zum Beispiel über ein Netzgerät realisiert wird, und die Verbindung mit dem Telefonnetz keine Herausforderung darstellen.

Webcode: #42004

Haus & Garten

Sie haben den Spaß, wir haben die Technik.

141 UV-LED

Die UV-LED erzeugt ultraviolettes Licht. Seine Wellenlänge beträgt je nach Modell zwischen rund 370 und 410 nm (Nanometer). Im mechanischen Aufbau unterscheidet sich die UV-Leuchtdiode nicht von einer üblichen roten oder grünen LED. Das von der UV-LED ausgestrahlte Licht ist bläulich violett und nur schwach, was daran liegt, dass die von dieser LED abgestrahlte Wellenlänge schon weitgehend außerhalb des für den Menschen sichtbaren Bereichs liegt. Die UV-LED ist ebenso verpolungssicher wie eine normale LED einzubauen und mit einem Vorwiderstand zu betreiben. Mit ihr lassen sich beispielsweise Geldscheine auf ihre Echtheit überprüfen.

Webcode: #31050

Bauelemente

Sie haben den Spaß, wir haben die Technik.

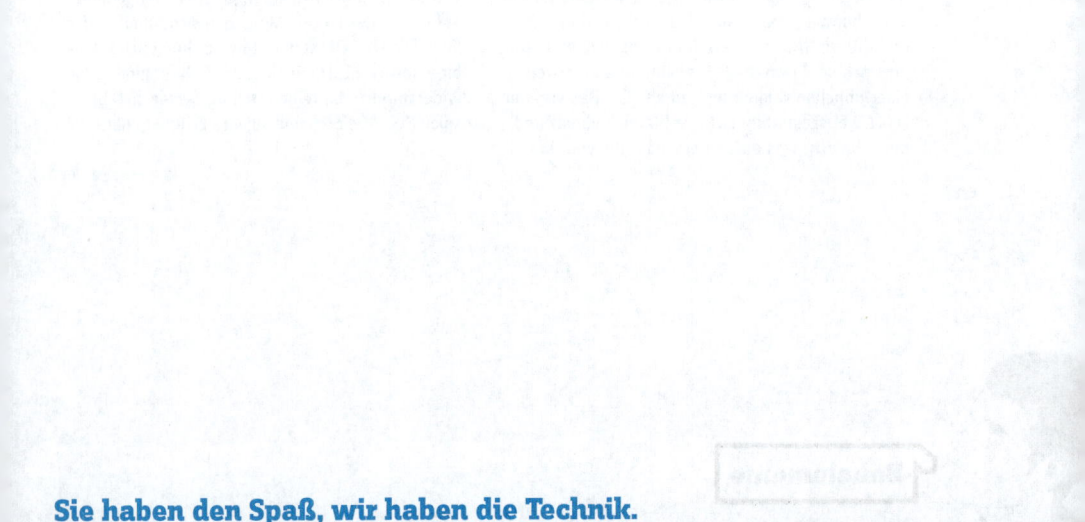

142 Leistung und Arbeit

Leistung

Die elektrische Leistung P wird in Watt W angegeben. Sie wird auch Wirkleistung genannt und entspricht der elektrischen Energie pro Zeiteinheit. Bei Gleichstrom errechnet sich die elektrische Leistung aus dem Produkt der Stromstärke und der elektrischen Spannung:

P = I x U.

Arbeit

Mit unserer Stromrechnung bezahlen wir die vom elektrischen Strom verrichtete elektrische Arbeit W. Der Verbrauch wird üblicherweise in kWh angegeben. Diese Einheit setzt sich aus der Leistung P und der Zeit t, hier „pro Stunde" (h) zusammen.

1 kW = 1.000 W   /   W = P x t

daraus folgt:

W = 1 kW x 1 h = 1 kWh

Bauelemente

Sie haben den Spaß, wir haben die Technik.

143 Digitalkameras mit GPS-Empfänger

Digitalkameras verleiten dazu, während eines Urlaubs Hunderte, wenn nicht sogar Tausende von Fotos zu schießen. Da wundert es nicht, wenn man den Überblick verliert und zu Hause nicht mehr genau weiß, was denn auf den Bildern zu sehen ist und wo das genau war.

Hier sorgen GPS-Kameras für Abhilfe. Dies sind ganz normale Digitalkameras, die jedoch einen GPS-Empfänger eingebaut haben. Der dient hier jedoch nicht dazu, einen Weg von A nach B zu finden, wozu GPS üblicherweise in Navigationsgeräten genutzt wird. Diese Kameras empfangen über GPS ausschließlich die Positionsdaten und speichern diese gemeinsam mit jedem Bild ab. Zu Hause können diese Koordinaten in Google Earth eingegeben werden, worauf sich der Aufnahmeort metergenau bestimmen lässt.

Da Digitalkameras zudem zu jedem Foto Datum und Uhrzeit abspeichern, lässt sich so im Nachhinein ein exakter Routenplaner erstellen – eine von vielen Möglichkeiten, die GPS-Kameras bieten.

Webcode: #45002

Multimedia

Sie haben den Spaß, wir haben die Technik.

144 Über- und untersteuerndes Fahrverhalten

Übersteuerndes Fahrverhalten

Von übersteuerndem Fahrverhalten spricht man, wenn das RC-Modell in die Kurve zieht und das Heck auszubrechen droht. Die Ursache ist die zu geringe Traktion auf der Hinterachse oder eine zu hohe auf der Vorderachse. Um dem instabilen Kurvenverhalten entgegenzuwirken, ist die Dämpfung der rückwärtigen Stoßdämpfer weicher einzustellen, was deren Federvorspannung verringert. Alternativ dazu sind die vorderen Stoßdämpfer härter einzustellen, wozu die Feder stärker vorzuspannen ist.

Untersteuerndes Fahrverhalten

Von untersteuerndem Fahrverhalten spricht man, wenn sich das RC-Modell nur schwer um die Kurve steuern lässt und die Vorderräder nach außen abzudriften scheinen. Es tritt bei zu hoher Traktion auf der Hinterachse auf, die auf zu weich eingestellte rückwärtige Stoßdämpfer zurückzuführen ist. Untersteuertes Fahrverhalten kann aber auch bei zu geringer Traktion auf der gelenkten Vorderachse auftreten. Sie deutet auf harte vordere Stoßdämpfer hin. Als Gegenmaßnahme ist entweder die Dämpfung hinten härter oder vorne weicher einzustellen. Dazu ist hinten die Stoßdämpferfeder stärker oder vorne leichter vorzuspannen.

Modellbau & Modellbahn

Sie haben den Spaß, wir haben die Technik.

145 Aufladbare Alkaline-Batterien

Wieder aufladbare NiCd- oder NiMH-Akkus haben eine Zellenspannung von 1,2 V und damit eine um 20 % geringere Spannung als normale Einwegbatterien, die bekanntlich 1,5 V liefern. Aufladbare Alkaline-Batterien (RAM) sollen die Einwegenergiespeicher ablösen. Sie haben ebenfalls eine Zellenspannung von 1,5 V. Alkaline-Batterien geben nur geringe Ströme ab, deshalb sind sie nur für Geräte mit geringem bis mittlerem Stromverbrauch geeignet.

Alkaline-Batterien haben keinen Memoryeffekt. Um ihre Lebensdauer lang zu halten, sollten sie so oft wie möglich aufgeladen werden – auch wenn sie nur teilweise entladen wurden. Tiefentladungen, bei denen die Zellenspannung 0,9 V unterschreitet, sind zu vermeiden. Zum Laden von Alkaline-Batterien sind speziell dafür geeignete Ladegeräte erforderlich.

Energie

Wieder aufladbare Alkaline-Batterien (RAM).

Sie haben den Spaß, wir haben die Technik.

146 Ladegut richtig sichern

Eine am Anhänger ungenügend gesicherte Ladung erhöht nicht nur die Unfallgefahr, sondern stellt eine potenzielle Gefahr für andere Verkehrsteilnehmer dar. Gerät man in eine Verkehrskontrolle, führt sie zu hohen Geldbußen, Punkten in Flensburg und in einigen Fällen sogar zum Führerscheinentzug.

Die Ladung muss gut gesichert sein, um bei Erschütterungen nicht in Bewegung geraten zu können. Spann- und Zurrgurte oder -ringe helfen, die zu transportierenden Gegenstände fest am Anhänger zu verankern. Auch Anhängergepäcknetze verhindern, dass etwas herunterfallen kann.

Empfindliche Gegenstände sichern Sie besonders gut mit einer Plane, die über den Anhänger gespannt wird. Sie schützt auch gegen Regen und Schmutz.

Ladegut ist stets ausreichend zu sichern.

Webcode: #43008

Auto

Sie haben den Spaß, wir haben die Technik.

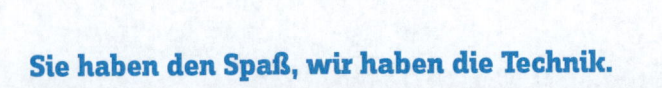

147 Überwachungskamera für jedermann

Überwachungsvideorekorder kennt man von professionellen Überwachungsanlagen, etwa von Banken. Die Digitalisierung hat solche Geräte spürbar preiswerter und auch für Privathaushalte interessant gemacht. Einfache Überwachungsrekorder gibt es schon unter 100 Euro. Bereits mit ihnen können bis zu zwei Überwachungskameras in Echtzeit und bei verringerter Bildwechselfrequenz bis zu vier Kameras eingesetzt werden. Etwas höherwertige Modelle zeichnen sogar den Ton auf und bieten bis zu HDTV-Bildqualität. In die Rekorder ist in der Regel eine Festplatte einzubauen, deren Speicherkapazität über die maximale Aufnahmedauer entscheidet.

Überwachungskameras erfordern nicht zwingend einen eigenen Rekorder. Aufzeichnungen können auch mit jedem herkömmlichen PC gemacht werden. Dazu ist lediglich ein einfacher AV-USB-Konverter erforderlich.

Webcode: #12032

Haus & Garten

Sie haben den Spaß, wir haben die Technik.

148 Mikroskopkameras

Mikroskope kommen im privaten Umfeld beim Lernen oder im Zusammenhang mit einem Hobby zum Einsatz. Dabei gewinnen elektronische Mikroskope immer mehr an Bedeutung. Sie erinnern an Webcams und sind am Computer ebenso via USB anzuschließen. USB-Mikroskopkameras erlauben es, Untersuchungsobjekte in hervorragender Auflösung von bis zu 1.600 x 1.200 Pixeln am Monitor anzusehen. In der gleichen Qualität können auch Videos und Fotos aufgenommen werden. Sie geben die Gelegenheit, selbst Bewegungsabläufe nachträglich präzise zu analysieren. Objekte lassen sich bis rund 250-facher Vergrößerung genauestens studieren.

Ein weiterer Vorteil: Präparate müssen nicht länger auf die Größe des Objektträgers klassischer Mikroskope zurechtgeschnitten werden.

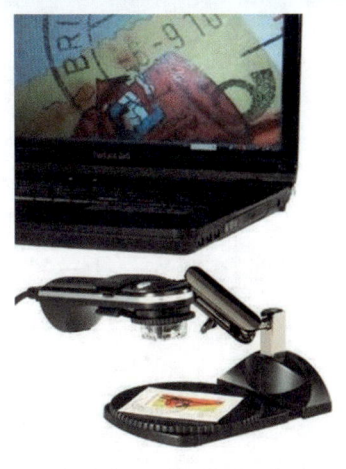

Bauelemente

USB-Mikroskopkamera (Best.-Nr.: 19 12 51).

Webcode: #11033

Sie haben den Spaß, wir haben die Technik.

149 PC-Lüfter schafft Betriebssicherheit

Je mehr Komponenten im Standrechner eingebaut sind, umso größer ist das erforderliche Netzteil. Damit einher geht auch, dass mehr Wärme produziert wird, die sich im Inneren des Computers ansammeln und diesen erheblich aufheizen kann. Um langfristig eine hohe Betriebssicherheit gewährleisten zu können und um die gesamte Hardware zu schützen, muss diese Wärme aus dem Gerät transportiert werden. Dazu bietet sich der Einbau eines Lüfters an.

Neben seiner Einbaugröße ist die Luftfördermenge entscheidend. Sie variiert bei Modellen gleicher Größe und vergleichbarer Drehzahl erheblich. Je höher die Luftfördermenge, umso besser ist die Kühlung.

Zu beachten gilt außerdem die Lüfterlautstärke. Sie schwankt zwischen rund 10 und annähernd 50 dBA. Damit man kühlen Kopf bewahrt und in einer auch akustisch unbelasteten Umgebung arbeiten kann, sollte der Lüfter möglichst leise sein. Hier helfen insbesondere temperaturgesteuerte Modelle, die sich nur einschalten, wenn es im Rechner zu warm wird.

Computer & Office

Sie haben den Spaß, wir haben die Technik.

150 3-D-Fernsehen

Während der letzten Jahrzehnte machten Spielfilme in 3-D immer wieder von sich reden. Versuche, dem Fernsehen eine räumliche Komponente zu bescheren, gab es bereits in den Achtzigerjahren des letzten Jahrhunderts. Die Qualität war damals stets unbefriedigend, deshalb vermochte sich 3-D-Fernsehen bislang auch nicht durchzusetzen.

Dies scheint aber nun anders zu sein. Gegenwärtig rollt eine 3-D-Welle ins Wohnzimmer. Dank neuer Technologien und der durch HDTV verbesserten Bildqualität kommt nun auch 3-D so, wie man es sich vorstellt. Bereits in wenigen Jahren sollten die meisten Geräte der Unterhaltungselektronik 3-D-tauglich sein. Denn der Aufpreis von 2-D- auf 3-D-Fernseher oder Blu-ray-Player fällt kaum ins Gewicht.

Fernsehprogramme in 3-D werden noch etwas auf sich warten lassen, das räumliche Fernsehen kommt aber durch die Hintertür – beispielsweise über auf Blu-ray veröffentlichte 3-D-Filme und Spielkonsolen. Inzwischen wurden auch schon erste Digital- und Videokameras vorgestellt, die in 3-D fotografieren und filmen. Damit eröffnen sich gänzlich neue Gestaltungsmöglichkeiten.

Einige TV-Geräte verfügen zudem bereits heute über eine Software, die aus zweidimensionalen Bildern die dritte Dimension hinzurechnet.

Webcode: #45004

Multimedia

Sie haben den Spaß, wir haben die Technik.

151 Spannungsprüfer kontra Voltmeter?

Spannungsprüfer sind einfache Diagnoseinstrumente, die in etwa so aussehen wie überdimensionierte Griffe von Messstrippen. In einem ist das Messwerk eingebaut. Meist beschränkt sich die Anzeige auf eine LED-Reihe. Die einzelnen LEDs geben verschiedene Spannungsebenen an, wie etwa 12, 24, 36, 50, 120, 230, 400 und 690 V. Bei der Ermittlung der Netzspannung würden beispielsweise sechs LEDs leuchten.

Spannungsprüfer sind nicht dazu da, genaue Messungen vorzunehmen, sondern um Tendenzen festzustellen. Oft genügt es schon, etwa bei Arbeiten an elektrischen Anlagen, das Spannungsniveau festzustellen. Da die Anzeige im Griff eingebaut ist, kann man sich auch auf das Anlegen der Kontakte auf die Messpunkte konzentrieren und sieht gleichzeitig die Spannungshöhe, was das Arbeiten an schwer zugänglichen Stellen erheblich erleichtert.

Spannungsprüfer der Spitzenklasse haben meist auch eine Digitalanzeige eingebaut, die aber nicht so genau misst wie die eines Multimeters. Immerhin kann man damit oft auch Ströme messen.

Werkzeug

Bei vielen Spannungsprüfern gibt eine LED-Reihe Aufschluss über die Spannungsebene.

Webcode: #31024

Sie haben den Spaß, wir haben die Technik.

152 Vorspur

Unter der Vorspur versteht man den Winkel der Räder in Bezug auf die Fahrzeugmittelachse. Sind beide Räder parallel zur Mittelachse, spricht man vom Spurwinkel 0°.

Während des Fahrens drückt der Rollwiderstand die Räder vorne auseinander. Diese stehen daher nicht mehr exakt parallel zur Fahrtrichtung. Um dieses Auseinanderdriften der Räder auszugleichen, können die Räder des stehenden RC-Buggys so eingestellt werden, dass sie vorne leicht nach innen zeigen. Man spricht von Vorspur. Sie bewirkt gleichzeitig eine bessere Seitenführung des Reifens und damit ein direkteres Ansprechen der Lenkung. Die Vorspur sorgt ferner für einen guten Geradeauslauf und ein ruhigeres Fahrverhalten.

Reagiert ein RC-Car träge, ist an ihm eine zu hohe Vorspur an der Vorder- oder Hinterachse eingestellt. Durch ihre Reduktion kann dem Modell wieder mehr Leben eingehaucht werden. Allerdings verringert sich dadurch auch die Haftung, wodurch der Buggy schneller zur Seite ausbricht.

Durch Zurücknehmen der Vorspur wird das allgemeine Fahrverhalten anspruchsvoller. Außerdem sind schnellere Lenkreaktionen möglich.

Modellbau & Modellbahn

Bei der Vorspur zeigen die Räder nach innen.

Sie haben den Spaß, wir haben die Technik.

153 Welcher Bewegungsmelder?

Nicht jeder Bewegungsmelder vermag jede Lichtquelle zu schalten. Übliche Typen mit Triac-Steuerung sind nur für Glühlampen und Hochvolt-Halogenlampen geeignet. Sollen über einen Bewegungsmelder Leuchtstofflampen, Energiesparlampen oder LED-Leuchtmittel geschaltet werden, ist ein Modell mit eingebautem Relais erforderlich.

Hochvolt-LED-Leuchtmittel sind mit Bewegungsmeldern kaum zu schalten. Ihre geringen induktiven Lasten können ein Klebenbleiben des Relaiskontakts bewirken. Deshalb sollte man auf sie verzichten und eine andere, leichter beherrschbare Lichtquelle vorsehen.

Energie

Sie haben den Spaß, wir haben die Technik.

154 Was ist OBD-2?

OBD ist die Abkürzung für „On Board Diagnose". Es ist ein im Auto integriertes elektronisches Diagnosesystem und quasi Weltstandard. Über OBD-2 wird neben abgasrelevanten Daten die gesamte Elektronik erfasst. Damit dient OBD-2 zur Wartung und Fehlererkennung bei heute üblichen Fahrzeugen. Entgegen manchen Behauptungen sind darüber weder Tachomanipulationen noch Leistungssteigerungen möglich.

OBD-2 erfasst unter anderem alle Arten von Betriebsstörungen und hilft mit geeigneten Diagnosegeräten, schnell den anstehenden Fehler zu lokalisieren.

Europäische Autos haben OBD-2, wenn sie einen Stecker wie den in der Abbildung eingebaut haben. Meist befindet er sich unter dem Armaturenbrett oder unter dem Aschenbecher. Es sind nicht alle Stifte belegt.

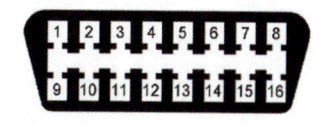

OBD-2-Stecker

Webcode: #43010

Auto

Sie haben den Spaß, wir haben die Technik.

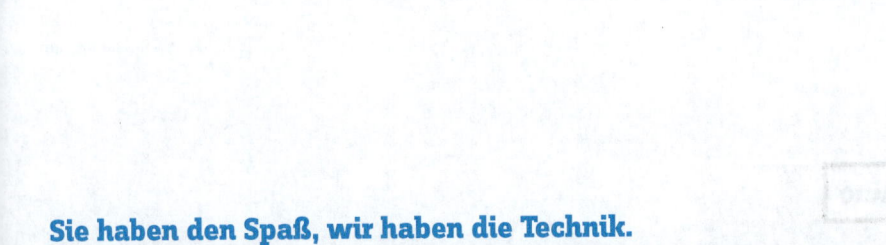

155 Schlüssellos aufsperren

Gehören Sie auch zu jenen Menschen, die ihren Haustürschlüssel immer mal gern irgendwo vergessen? Haben Sie es auch schon am eigenen Leib erlebt, wie schwer dann in die eigenen vier Wände zu gelangen ist?

Codeschlösser schaffen dieses Problem ein für allemal aus dem Weg. Sie haben ein Zahlenfeld, über das ein zuvor programmierter Code einzugeben und zu bestätigen ist. Praktisch: Jedem Bewohner kann ein separater Code zugeordnet werden. Bis zu 99 Codes lassen sich anlegen.

Damit können Sie einzelne Zugangsberechtigte auch wieder aussperren, ohne dass sich alle Bewohner einen neuen Code merken müssen.

Oder darf es noch bequemer sein? Wie wäre es mit einem Fingerprint-Sicherheitszugangssystem? Solche Systeme sind auf bis zu 25 Benutzer anlernbar. Ihr besonderer Vorteil: Sie brauchen sich keinen Code zu merken, und den Finger haben Sie immer mit dabei.

Webcode: #32006

Haus & Garten

Sie haben den Spaß, wir haben die Technik.

156 Blink-LED

Die Blink-LED unterscheidet sich nach außen hin nicht von der normalen Leuchtdiode. Auch bei ihr ist der längere Anschlussdraht die Anode und somit der Pluspol. Sie erfordert zum Betrieb auch zwingend einen Vorwiderstand.

Sieht man sich das Innere mit einer Lupe an, erkennt man im LED-Gehäuse zwei Chips. Auf dem Kathodenanschluss erkennt man einen unscheinbaren LED-Kristall und einen deutlich größeren Silizium-Chip.

Der Chip sorgt dafür, dass der LED-Strom in zeitlich gleichen Abständen laufend ein- und ausgeschaltet wird. Dadurch blinkt die LED.

Blink-LEDs gibt es in verschiedenen Größen und in mehreren Farben, beispielsweise Rot und Grün.

Webcode: #31050

Bauelemente

Sie haben den Spaß, wir haben die Technik.

157 DLNA

DLNA steht für Digital Living Network Alliance und ist ein Zusammenschluss von bereits über 250 Herstellern aus der Computerbranche, der Unterhaltungselektronik und der Mobiltelefonie. DLNA erlaubt die Vernetzung unterschiedlicher Geräte und Anwendungen.

DLNA erlaubt beispielsweise die Nutzung der MP3-Musiksammlung, eigener Digitalfotos oder Filme an verschiedenen Geräten im ganzen Haus. Sie können auf Medienservern oder -playern, dem Handy und Ähnlichem gespeichert sein. Die Wiedergabe erfolgt über das LAN- oder WLAN-Netzwerk, an das DLNA-zertifizierte Geräte, wie etwa Fernseher, nur angeschlossen zu werden brauchen. Damit ist es nicht mehr zwingend nötig, zur Wiedergabe eigener digitaler Dateien den Rechner zu starten.

Selbstverständlich unterstützt DLNA auch hochauflösendes Fernsehen in voller HD-Auflösung.

Geräte, die den UPnP-AV-Standard unterstützen, sind nicht zwingend auch DLNA-tauglich. UPnP-AV-Geräte arbeiten zwar meist mit der Playstation 3 zusammen, verweigern jedoch die Wiedergabe auf anderen DLNA-Geräten. DLNA-fähige Geräte sind mit dem grünen DLNA-Logo gekennzeichnet.

Webcode: #46025

Computer & Office

Sie haben den Spaß, wir haben die Technik.

158 Negativer Sturz

Beim negativen Sturz zeigen die Radoberkanten des RC-Modellautos nach innen. An den Vorderrädern werden damit die Seitenführungskräfte beim Kurvenfahren erhöht. Gleichzeitig spricht die Lenkung direkter an, und die benötigten Lenkkräfte werden geringer. Da beim negativen Sturz das Rad in Achsrichtung auf den Achsschenkel gedrückt wird, wird das axiale Lagerspiel eliminiert, womit ein ruhigeres Fahrverhalten erreicht wird.

Stellt man einen negativen Sturz an den Hinterrädern ein, wird die Neigung des Fahrzeughecks, in Kurven auszubrechen, verringert.

Da beim negativen Sturz die Reifeninnenseiten verstärkt auf den Boden gedrückt werden, ist hier auch mit einem erhöhten Verschleiß zu rechnen. Dies lässt sich aber durch Einstellen einer Vorspur kompensieren.

Ein negativer Sturz an den Vorderrädern erhöht die Seitenführungskräfte beim Kurvenfahren.

Modellbau & Modellbahn

Sie haben den Spaß, wir haben die Technik.

159 Heizen mit Niedrigtemperatur

Es ist noch gar nicht so lange her, dass der an der Wand montierte Heizkörper allgemeiner Standard war. Da er nur eine kleine Fläche hat, muss er entsprechend warm sein, um eine ausreichende Wärmemenge in den Raum abzugeben, was mit der klassischen Ölheizung bestens funktioniert.

In Neubauten gewinnt jedoch die Fußboden- und Wandheizung zunehmend an Bedeutung. Beide sind Niedrigtemperatursysteme und arbeiten bestens mit Wärmepumpen zusammen, denn diese erreichen oft nur Heiztemperaturen von 40 bis 50 °C – zu wenig für viele Wandheizkörper.

Da in Fußböden oder Wänden verlegte Heizsysteme ihre Wärme großflächig abgeben, kann der Heizkreislauf mit deutlich geringeren Temperaturen betrieben werden. Bereits um 30 °C reichen aus. Damit verbunden sind ein besonders geringer Energieverbrauch und ein wirtschaftlicher Betrieb moderner Heizanlagen.

Niedrigtemperaturheizsysteme werden nicht nur in Neubauten eingebaut. Sie lassen sich auch im Zuge von Renovierungen in Altbauten integrieren, was selbst hier mehr als lohnenswert ist.

Webcode: #42008

Energie

Sie haben den Spaß, wir haben die Technik.

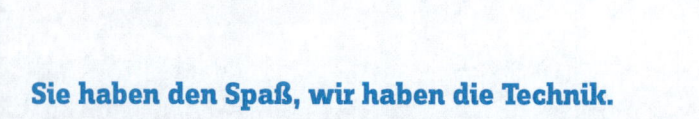

160 Roboter saugt Wohnung

Noch vor wenigen Jahren wäre das eine beinahe unbezahlbare Utopie gewesen. Heute ist es für jedermann leistbare Realität: Wohnungen können vollautomatisch gesaugt werden.

Roboterstaubsauger sind im Vergleich zu herkömmlichen Staubsaugern klein, flach und rund. Auf der Suche nach Staub, Schmutz, Haaren und Krümeln navigiert der Roboterstaubsauger automatisch rund um Hindernisse, achtet auf Treppen und saugt den Schmutz dank seiner flachen Bauweise auch unter fast allen Sofas und Betten. Dabei berechnet beispielsweise der iRobot Roomba seinen Weg durch den Raum 67-mal pro Sekunde und saugt jeden Bereich des Bodens im Durchschnitt vier Mal. Er saugt Parkett und Teppich und passt seine Bodenfreiheit automatisch dem Untergrund an.

Mit einer seitlichen Kantenreinigungsbürste wird sogar in Ecken und an Leisten gekehrt. Wird von den Sensoren besonders viel Schmutz erkannt, wird in dem Bereich länger gesaugt. Der Staubsaugerroboter Roomba 564 Pet (Best.-Nr.: 190445) ist besonders gut für Tierhaare geeignet, und das Spitzenmodell Roomba 581 (Best.-Nr.: 190459) kann per Funkfernbedienung aktiviert werden. Seine virtuellen Wände mit Leuchtturmfunktion lassen den Roomba 581 erst in den nächsten Raum, wenn der vorherige komplett gesaugt ist.

Roboterstaubsauger wie der iRobot Roomba saugen automatisch die ganze Wohnung.

Hobby

Sie haben den Spaß, wir haben die Technik.

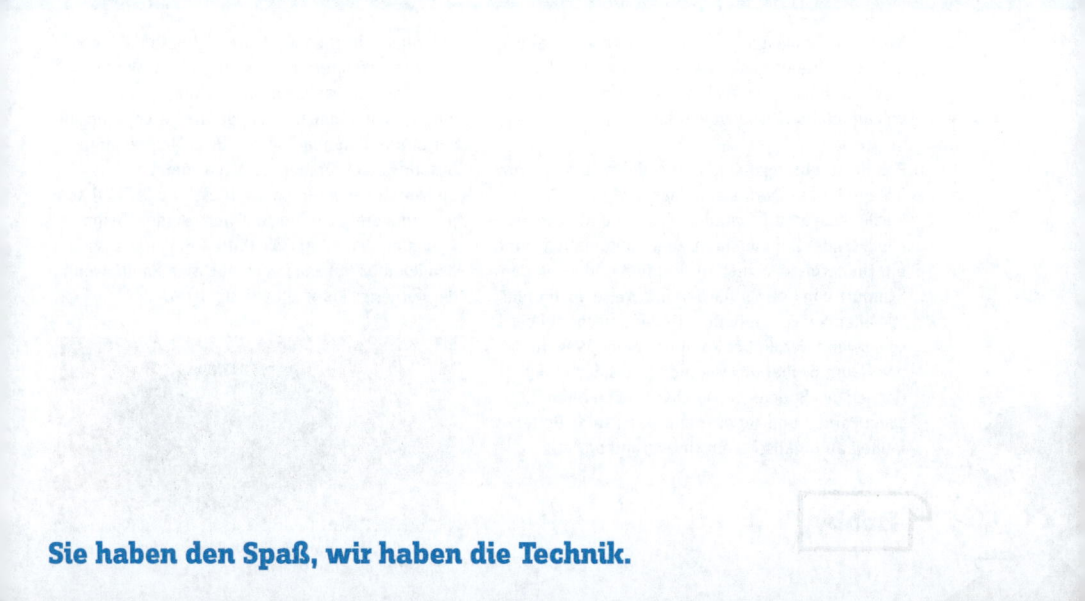

161 Richtig Starthilfe geben

Streikt die eigene Autobatterie, benötigt man Starthilfe, um das Fahrzeug wieder in Gang zu bringen. Zuerst werden mit dem Starterkabel die Batterien beider Autos verbunden. Das rote Kabel kennzeichnet den Pluspol, das schwarze den Minuspol. Mit dem roten Kabel sind die Pluspole beider Batterien zu verbinden, mit dem schwarzen die Minuspole. Nachdem ein Kabel bereits an einem Pol angeschlossen ist, dürfen mit dem anderen Kabelende keine Metallteile mehr berührt werden. Höchste Vorsicht ist deshalb geboten!

Nachdem beide Batterien verbunden sind, hat der Starthilfe gebende Fahrer sein Auto zu starten und mittleres Gas zu geben. Damit erzeugt seine Lichtmaschine reichlich Strom.

Jetzt kann das Fahrzeug mit der leeren Batterie gestartet werden. Erst wenn dieses läuft, darf der Starthilfe gebende Fahrer sein Auto abstellen. Das andere muss seinen Motor laufen lassen.

Nun sind die Starterkabel abzuklemmen, wobei auch hier mit den freien Klemmen keine Metallteile berührt werden dürfen!

Zuletzt empfiehlt es sich, mit dem eben gestarteten Fahrzeug mindestens 3 bis 5 km zu fahren. Dabei sollten alle nicht benötigten Verbraucher abgeschaltet bleiben, sodass die Lichtmaschine möglichst viel Strom in die Batterie laden kann.

Auto

Sie haben den Spaß, wir haben die Technik.

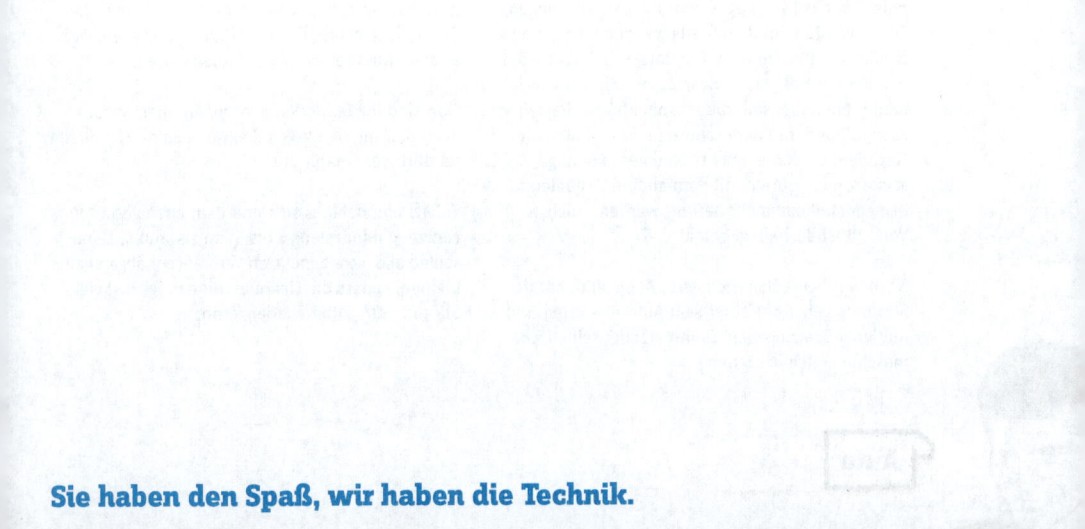

162 Funkrauchmelder

Rauchmelder sind längst nicht mehr auf den Einsatz in öffentlichen Gebäuden beschränkt. In einigen deutschen Bundesländern, wie Hessen, Schleswig-Holstein, Rheinland-Pfalz und weiteren, sind sie auch für private Haushalte per Landesbauordnung vorgeschrieben. Die Regelungen in einigen Bundesländern schreiben Rauchmelder in Neu- und Bestandsbauten vor. Zum Teil war die Frist zur Nachrüstung schon Ende 2009 abgelaufen. In Hessen hat man noch bis Ende 2014 Zeit. Die Landesbauordnungen schreiben genau vor, wo Rauchmelder installiert werden müssen.

Landesbauordnung Rheinland-Pfalz § 44 (8)
In Wohnungen müssen Schlafräume und Kinderzimmer sowie Flure, über die Rettungswege von Aufenthaltsräumen führen, jeweils mindestens einen Rauchmelder haben. Die Rauchmelder müssen so eingebaut und betrieben werden, dass Brandrauch frühzeitig erkannt und gemeldet wird.

Hessische Bauordnung § 13 (5)
In Wohnungen müssen Schlafräume und Kinderzimmer sowie Flure, über die Rettungswege von Aufenthaltsräumen führen, jeweils mindestens einen Rauchwarnmelder haben. Die Rauchwarnmelder müssen so eingebaut oder angebracht und betrieben werden, dass Brandrauch frühzeitig erkannt und gemeldet wird. Bestehende Wohnungen sind bis zum 31. Dezember 2014 entsprechend auszustatten.

Webcode: #12012

Haus & Garten

Sie haben den Spaß, wir haben die Technik.

163 Farbwechsel-LED

Die Farbwechsel-LED ist auch als Dual-LED bekannt und wechselt in einer Schaltung je nach Ansteuerung zwischen Rot und Grün. Die Farbe, mit der eine Dual-LED leuchtet, wird davon bestimmt, in welche Richtung durch sie der Strom fließt. Damit ist sie ein Sonderfall unter den Leuchtdioden, da ihre Einbaurichtung nicht darüber entscheidet, ob sie leuchtet oder nicht, sondern nur, in welcher Farbe sie leuchtet.

Mit einer Farbwechsel-LED lassen sich hervorragend Statusmeldungen signalisieren – wobei das Spannende dabei ist, dass das mit nur einem einzigen Bauteil geschieht.

Webcode: #31050

Bauelemente

Sie haben den Spaß, wir haben die Technik.

164 Die richtige Druckerpatrone finden

Wenn etwas eine Standardisierung bislang erfolgreich abwenden konnte, dann sind das Druckerpatronen. Damit wird der Kauf neuer Patronen für viele zum reinen Glücksspiel, besonders wenn man deren genaue Bezeichnungen und/oder den exakten Typ des Druckers nicht parat hat.

Conrad schafft hier Abhilfe und hat unter dem Webcode #26002 einen Druckerpatronen-Finder eingerichtet. Hat man die Marke des Druckers ausgewählt, werden alle aktuellen und älteren Modelle dieses Herstellers gelistet.

Durch Anklicken des Modells werden sämtliche dafür geeigneten Patronen gelistet. Der Vorteil für den User ist enorm. Binnen weniger Sekunden werden ihm neben den Originalpatronen auch sogenannte Nachbaupatronen offeriert, die ebenfalls für den eigenen Drucker geeignet sind.

Webcode: #26002

Computer & Office

Sie haben den Spaß, wir haben die Technik.

109 Was ist der Unterschied zwischen Kompakt- und Systemkamera?

Systemkameras, die auch als Micro-FourThirds-Systemkameras bezeichnet werden, liegen zwischen den einfachen und sehr kleinen Kompaktkameras und den großen digitalen Spiegelreflexkameras. Ihr Aufnahmeprinzip ist das gleiche wie bei Kompaktkameras. Während diese jedoch eine fest eingebaute Optik haben, sind Systemkameras mit Wechselobjektiven bestückt. Damit kann man sie nach Bedarf mit Weitwinkel-, Makro- oder Teleobjektiv betreiben.

Der entscheidende Unterschied zwischen System- und Spiegelreflexkameras ist das um rund 50 % verringerte Auflagemaß, das den Abstand zwischen Bajonett und Sensor beschreibt.

Außerdem ist der Bajonettdurchmesser geringer. Zudem haben Bajonette von Systemkameras zwei Kontakte mehr als Spiegelreflexkameras.

Vorteil: Objektive, und somit die ganze Systemkamera, sind kleiner und leichter.

Nachteil: Systemkameras erfordern spezielle nur für sie verwendbare Objektive. Objektive von Spiegelreflexkameras sind für sie zu groß und können nicht verwendet werden.

Webcode: #45003

Multimedia

Sie haben den Spaß, wir haben die Technik.

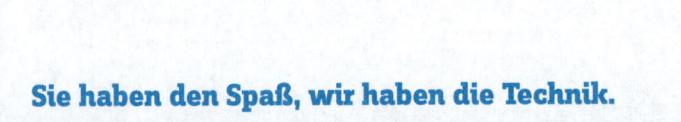

166 Perfekter Augen- und Brillenschutz

Eine Schutzbrille sollte in keiner Hobbywerkstatt fehlen, vor allem nicht, wenn mit der Schleifmaschine gearbeitet wird. Der Funkenflug wird nur allzu oft unterschätzt. Trifft ein solcher das Auge, kann das böse Folgen haben.

Wie schnell so etwas gehen kann, wird schon mancher Brillenträger erlebt haben. Meist trifft ein heißer Funke bereits beim ersten Schleifen ein Brillenglas und brennt sich darin ein. Damit hat man immer einen grauen Punkt vor Augen oder muss sich eine neue Brille kaufen.

Um einen möglichst umfassenden Schutz zu haben, sollte die Schutzbrille den eigenen Sehbehelf vollständig umschließen und auch einen Seitenschutz haben, der Funkenblindgänger abhält. Sie gelangen zwar kaum ins Auge, treffen aber oft das Brillenglas.

Gute Schutzbrillen kosten nur wenige Euro. Sie helfen, nicht nur die eigenen Augen zu schützen, sondern auch eine Menge Geld zu sparen – zumindest, wenn man Brillenträger ist.

1 Werkzeug

Sie haben den Spaß, wir haben die Technik.

167 Flexgleise

Es gibt Flexgleise für mehrere Gleissysteme. Sie sind bei H0 rund 92 cm lang, biegbar und erlauben eine individuelle Verlegung und Streckenführungen abseits der durch die fixen Gleise vorgegebenen Gestaltungsmöglichkeiten. Flexgleise bieten sich etwa für sehr enge oder große Kurvenradien an, die nicht von allen Herstellern im fixen Gleissortiment berücksichtigt werden. Die Gleise sind aber auch eine preisgünstige Variante zum Aufbauen sowohl längerer Geraden als auch Schienenstränge mit Bogen. Da sie durch ihre Länge rund vier Gleise in Standardlänge ersetzen, ergeben sich auch weniger Gleisstöße, die wiederum für einen zuverlässigeren Fahrbetrieb sorgen. Durch die Einsparung an Verbindungen kommt es zudem zu geringeren Spannungsabfällen innerhalb der Anlage.

Beim Aufbau einer Modellbahn braucht man immer wieder mal kurze Gleisstücke. Sämtliche für ein Gleissystem erforderlichen Längen und Radien gibt es auch als bereits fertige Ware. Aber ausgerechnet das Teil, das man gerade bräuchte, hat man nicht zu Hause. Hier hilft das Flexgleis, von dem einfach das benötigte Stück mit einer „Gleissäge", abgeschnitten wird.

Modellbau & Modellbahn

Besonders komfortabel sind Flexgleise. Sie lassen sich individuell den Erfordernissen entsprechend biegen.

Webcode: #23054

Sie haben den Spaß, wir haben die Technik.

168 Strom sparen mit Master-Slave-Steckdosen

Sie sehen aus wie normale Steckdosenleisten, unterscheiden sich aber in einem kleinen Detail von ihnen. Master-Slave-Steckdosenleisten haben eine sogenannte Master-Steckdose eingebaut. Wird das an ihr angeschlossene Gerät, beispielsweise der PC, eingeschaltet, werden auch alle weiteren Steckdosen in der Leiste aktiviert. An ihnen können Monitor, Drucker, Scanner und andere PC-Zusatzgeräte angeschlossen sein. Weitere Anwendungsmöglichkeiten liegen unter anderem im Bereich der Unterhaltungselektronik, also dort, wo besonders viele Verbraucher überwiegend im Stand-by laufen.

So können mit einer Master-Slave-Steckdosenleiste mit Einschalten des Fernsehers auch der Sat-Receiver, der DVD-Rekorder und der Blu-ray-Player etc. aktiviert werden.

Wird das Master-Gerät wieder ausgeschaltet, werden zugleich auch alle Slave-Geräte komplett ausgeschaltet und verbrauchen keine unnötige Energie.

Zum Teil sind Master-Slave-Steckdosenleisten mit zusätzlichen Permanentsteckdosen ausgestattet und können auch einen Überspannungsschutz eingebaut haben.

Webcode: #46018

Energie

Sie haben den Spaß, wir haben die Technik.

169 Schraubsicherung oder Sicherungsautomat?

Baut man ein Haus, muss man jeden Groschen dreimal umdrehen. Deshalb geht man oft den billigsten Weg, zum Beispiel bei der Planung des Verteilerschranks. Dabei denkt man oft nicht an die Folgekosten. Denn was anfangs billig scheint, wird mit der Zeit durchaus teuer. Das trifft besonders auf Schraubsicherungen zu. Diese funktionieren nur, wenn man ständig Schmelzsicherungen vorrätig hat. Und die kosten auf die Jahre gerechnet mehr Geld als ein moderner Sicherungsautomat. Weiterer Nachteil: Meist hat man die Schmelzsicherung, die man jetzt gerade brauchen würde, nicht vorrätig – und das oft genug am Wochenende.

Sicherungsautomaten werden mit einem Schalter nach den Auslösen wieder eingeschaltet. Sie gibt es in ein- und dreipoliger Ausführung. Damit schützen sie vor allem Drehstromelektrogeräte wie Motoren, die Waschmaschine oder den E-Herd besser und bewahren sie auch vor Folgeschäden. Sicherungsautomaten gibt es zudem mit mehreren Auslösecharakteristika, die allgemein einen besseren Schutz als flinke oder träge Schraubsicherungen darstellen.

Webcode: #32037

Haus & Garten

Sie haben den Spaß, wir haben die Technik.

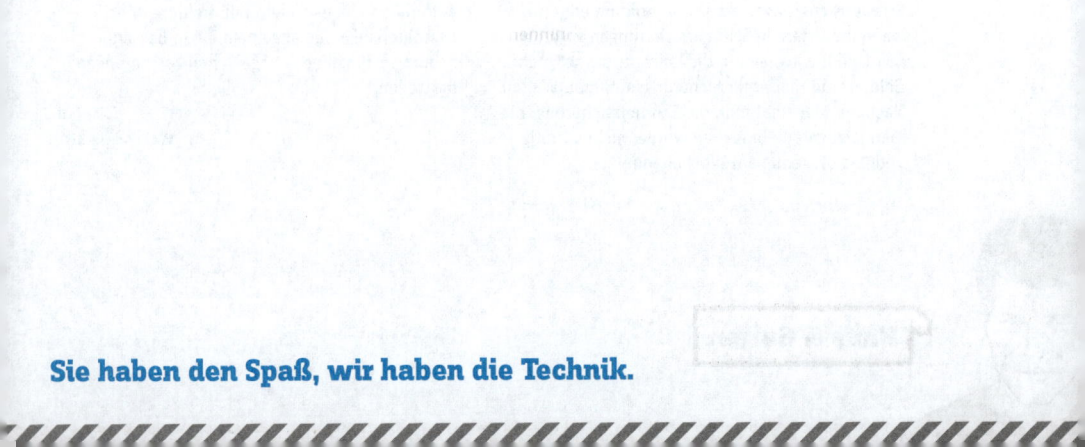

170 Sensoren automatisieren Arbeitsabläufe

Sensoren erfassen Temperaturen, Feuchtigkeit, unterschiedliche Lichtverhältnisse und zum Beispiel Bewegungen. Sie reagieren auf Veränderungen und können in Schaltungen eingreifen oder automatisiert Arbeitsabläufe starten.

Dämmerungsschalter können dazu eingesetzt werden, mit einbrechender Dunkelheit den Springbrunnen aus- und die Wegbeleuchtung einzuschalten. Sie können aber auch das selbstständige Hoch- und Runterfahren von Jalousien in die Wege leiten.

Temperatursensoren helfen nicht nur im Haushalt, etwa bei der Heizungssteuerung, sie können auch in Schaltungen eingebaut werden und so einen Lüfter in Bewegung setzen, sobald die Temperatur im Geräteinneren einen Grenzwert überschritten hat.

Feuchtigkeitssensoren helfen bei der Beurteilung des Raumklimas und können beispielsweise bei Kondenswasserbildung zur rechtzeitigen Abschaltung empfindlicher elektronischer Geräte führen.

Bewegungsmelder helfen unter anderem dabei, die Beleuchtung nur dann in einem Raum zu aktivieren, wenn dieser von einer Person betreten wird.

Wie diese wenigen Nutzungsanregungen zeigen, lassen sich mit Sensoren vielfältige Aufgaben mit umweltbezogenen Zuständen kombinieren. Hier sind der eigenen Kreativität keine Grenzen gesetzt.

Webcode: #31033

Bauelemente

Sie haben den Spaß, wir haben die Technik.

171 Welchen Arbeitsspeicher?

Ein Computer kann nie genügend Arbeitsspeicher eingebaut haben. Vor allem anspruchsvolle Grafikanwendungen – Stichwort Videofilmnachbearbeitung – setzen sehr hohe Speicherkapazitäten voraus. Diese entscheiden darüber, wie schnell die Aufgaben erledigt werden.

DDR-Arbeitsspeicher: DDR-Speicher kommen in Rechnern mit einer Taktfrequenz bis 400 MHz zum Einsatz. Sie werden nur für sehr alte Computer benötigt.

DDR2-Arbeitsspeicher: Dieser Speichertyp ist eine Weiterentwicklung der DDR-Speicher. Sie setzen in der Regel die Intel-Sockel 775 oder die AMD-Sockel AM2 oder AM2+ voraus. Die meisten dieser Boards sind mit vier Speicherbänken versehen. Auf Micro-ATX-Mainboards stehen nur zwei Bänke zur Verfügung.

DDR3-Arbeitsspeicher: DDR3-Speicherbanken kommen hauptsächlich bei Mainboards mit den Sockeln 1156 bzw. 1366 von Intel oder AM3 von AMD zum Einsatz. Boards mit AM3- oder 1156er-Sockeln sind mit vier Speicherbänken auf den Dual-Channel-Modus optimiert und für Speicherkits mit zwei Modulen ausgelegt – womit zwei Speicherkits mit je zwei Modulen zum Einsatz kommen können. 1366er-Sockel unterstützen den Triple-Channel-Modus und bieten sechs belegbare Speicherbänke.

Webcode: #36021

Computer & Office

Sie haben den Spaß, wir haben die Technik.

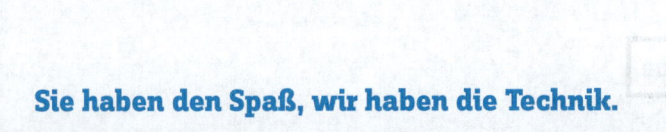

172 Nachspur

Durch Einstellen einer Nachspur kann ein weicheres Ansprechen der Lenkung eines RC-Cars erreicht werden. Andererseits kann bei zu hoher Nachspur auch die Geradeausfahrt erschwert werden, da die Lenkung extrem scharf und hart reagiert. Ein Spurwinkel von 0° an der Vorderachse, bei dem beide Räder parallel zueinander stehen, sorgt für die beste Fahrbarkeit auf fast jedem Untergrund. Die Nachspur sollte ebenfalls nicht größer als 3° sein, da auch sie das Handling erschwert und das Modell bremst.

Bei der Nachspur wird die Radrückseite nach innen gezogen. Diese Einstellung lässt die Reifenaußenseiten schneller verschleißen.

Bei der Nachspur zeigen die Räder nach außen.

Modellbau & Modellbahn

Sie haben den Spaß, wir haben die Technik.

173 Bewegungsschalter-Kenndaten

Bewegungsschalter sind Sensoren, die Bewegungen innerhalb eines Erfassungsbereichs wahrnehmen und daraufhin einen Schaltvorgang auslösen. Dieser Erfassungsbereich wird durch zwei Kriterien beschrieben:

Öffnungswinkel: Der Öffnungswinkel wird in Grad angegeben und sagt aus, welcher Winkelbereich überwacht wird. Seitliche Bewegungen werden nicht wahrgenommen. Deshalb ist der Sensor so auszurichten, dass er zum Beispiel einen Weg erfasst, auf dem man üblicherweise geht. Einfache Bewegungsschalter erfassen einen Winkel von 110°. Unterputzmodelle erfassen meist 180°. Für eine 360°-Rundumüberwachung muss der Sensor an der Decke montiert sein, wozu es spezielle Modelle gibt.

Reichweite: Die Reichweite sagt aus, bis zu welcher Entfernung Bewegungen registriert werden. Sie bewegt sich je nach Modell zwischen 6 und 12 m.

Als weiteres Kriterium ist das Schaltvermögen zu berücksichtigen. Einfache Geräte schalten rund 300 bis 400 W. Für größere Lichtanlagen gibt es Bewegungsmelder, die bis zu 2 kW schalten.

Energie

Sie haben den Spaß, wir haben die Technik.

174 Effektgeräte motzen Sound auf

Eingefleischte Musiker wissen über die Vorzüge von Audioeffektgeräten bestens Bescheid. Ohne sie wäre Musik von heute nicht mehr denkbar. Sie sorgen selbst bei flachen und dünnen Stimmen für den bekannten Wow-Effekt. Zudem lassen sich unter anderem mit diversen Hall- und Dynamikalgorithmen faszinierende Klangfantasien für Instrument und Stimme verwirklichen. Bestimmte Frequenzbereiche lassen sich anheben oder absenken und vieles mehr.

Für Instrumente sind neben Halleffekten vor allem Modulationseffekte unabdingbar. Für E-Gitarren immer auch Verzerrer!

Audioeffektgeräte sind nicht nur wertvolle Werkzeuge für Musikschaffende. Auch Musikfreunde können in den eigenen vier Wänden erheblich von ihnen profitieren, etwa wenn es darum geht, die Klangqualität alter Band- und Kassettenaufnahmen zu verbessern.

Hier wirken solche Geräte wahre Wunder. Sie sorgen aber auch dafür, dass beispielsweise Internetradiostationen, deren Sound ebenfalls oft zu wünschen übrig lässt, so klingen, wie sie sollten.

Und noch etwas: Effektgeräte erfüllen diese Aufgaben hörbar besser als viele einschlägige Software-Tools für Privatanwendungen.

Webcode: #16056

Hobby

Sie haben den Spaß, wir haben die Technik.

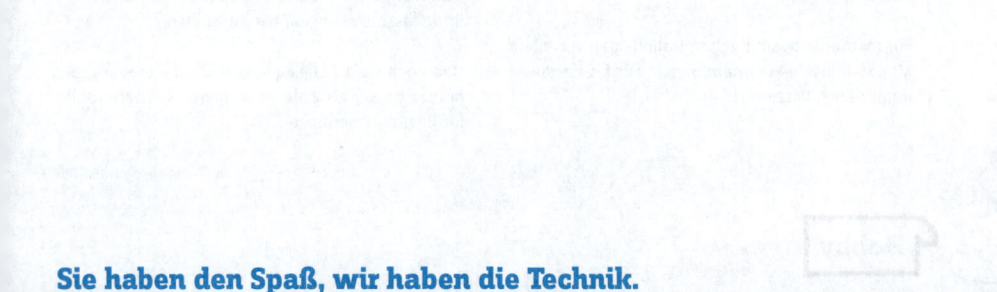

175 Wasser sparen

Dreht man den Wasserhahn auf, fließt durch ihn Wasser. Umso mehr, je mehr man ihn aufdreht. Dabei fließt oft deutlich mehr Wasser, als man eigentlich benötigen würde. Sogenannte Spardüsen helfen, den Wasserverbrauch um bis zu 50 % zu reduzieren. Sie verringern die Wasserdurchflussmenge und mischen gleichzeitig Umgebungsluft bei, womit sich der Wasserstrahl, für uns alle sichtbar, aus zahllosen kleinsten Tröpfchen zusammensetzt. Obwohl nun selbst bei voll aufgedrehtem Hahn deutlich weniger Wasser fließt, wird uns das nicht bewusst, da der mit Luft versetzte Strahl als genauso intensiv empfunden wird wie der bloße Wasserstrahl. Typische Einsatzgebiete für Spardüsen sind die Wasserhähne in Küche, Bad und WC. Mit Spardüsen lassen sich Geschirr und Hände genauso gut und effektiv waschen.

Spardüsen helfen gleich zweimal, Geld zu sparen. Denn wenn mit ihnen weniger Wasser verbraucht wird, muss auch weniger Warmwasser nachgeheizt werden. Das freut die Geldbörse.

Haus & Garten

Sie haben den Spaß, wir haben die Technik.

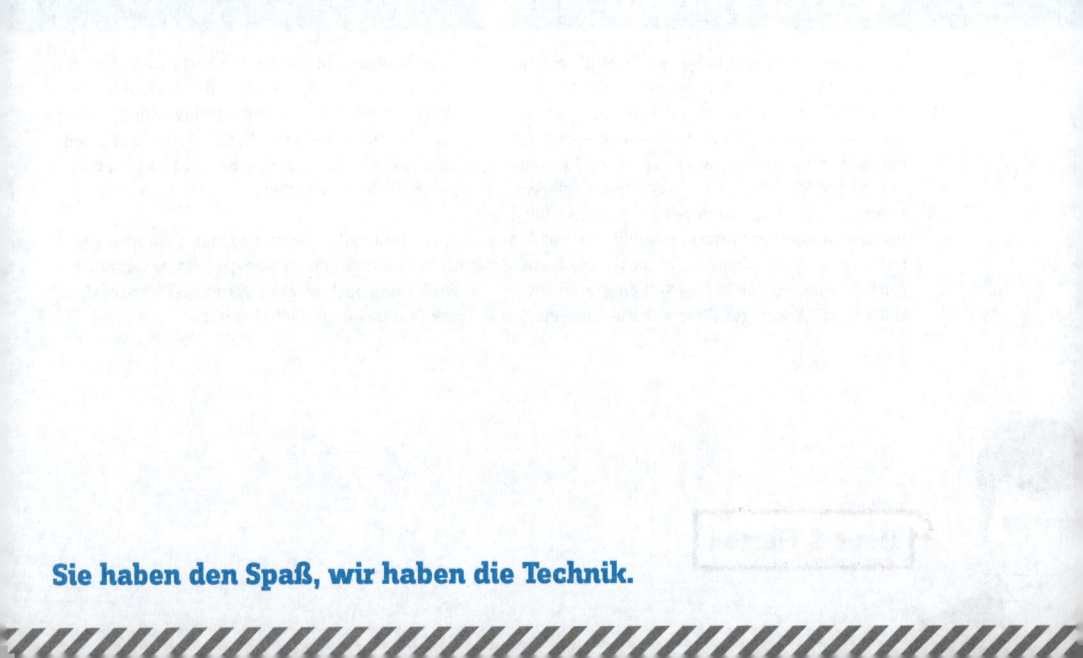

176 Kleiner Schaden, große Wirkung

Das hat wohl schon jeder erlebt. Man schaltet ein Gerät ein, und plötzlich tut sich absolut nichts mehr. Das Gerät ist wie tot. Kein Bild, kein Ton, keine Anzeige, nichts. Da bleibt wohl nichts anderes übrig, als das Gerät zur Reparatur zu bringen und sich auf hohe Kosten einzustellen. Denn, wir kennen das, so etwas passiert in der Regel, nachdem Garantie und Gewährleistung abgelaufen sind.

Dabei lassen sich solche Mängel oft im Handumdrehen beseitigen, ohne dass man das große Elektronikerwissen haben muss. Denn häufig ist einfach nur die Glasrohrsicherung im Geräteinneren durchgebrannt. Diese lässt sich leicht austauschen.

Dazu wird das Gerät zuerst vom Stromnetz getrennt, und alle an ihm angedockten Kabel werden abgezogen. Danach muss 30 Minuten gewartet werden, dann kann der Gerätedeckel geöffnet werden. Die Glasrohrsicherung befindet sich in der Nähe des Netzteils, also in der Nähe, wo das Stromkabel angeschlossen ist. Sie lässt sich leicht mit einem Schraubendreher aus der Schnapphalterung lösen. Eine defekte Glasrohrsicherung erkennt man mit dem Durchgangsprüfer und am durchgeschmolzenen Draht. Sie ist durch eine neue Sicherung gleichen Typs zu ersetzen. Gerät wieder zuschrauben – fertig.

Webcode: #31038

Bauelemente

Sie haben den Spaß, wir haben die Technik.

177 Dias und Negative digitalisieren

Scanner eignen sich zum Digitalisieren von Schriftstücken aller Art. Woran zumindest einfache Standardgeräte scheitern, ist das Scannen von Dias und Negativen. Dabei haben sie gleich mit zwei Problemen zu kämpfen: Beides erfordert, um eine naturgetreue Abbildung zu erhalten, deutlich geringere Lichtstärken als jene, mit denen Scanner üblicherweise arbeiten. Weiter mangelt es ihnen an der nötigen Auflösung. Denn bei ihr beziehen sich Scanner stets nur auf die gesamte Scanfläche, wobei insbesondere die Höhe bzw. die Scanzeilen maßgeblich sind.

Da Dias und Negative nur 24 x 36 mm klein sind, würden sie lediglich äußerst unscharf gescannt werden, was fatal ist, da man sie ja, ähnlich wie beim Papierbild, um ein Vielfaches vergrößert ansehen möchte.

Zum Teil bieten höherwertige Scanner eine eigene Dia- und Negativfunktion, bei der die Filmstreifen mit einem speziellen Einsatz gescannt werden. Die besten Resultate erhält man mit hochauflösenden Spezialscannern extra für dieses Einsatzgebiet. Ihre Auflösung beträgt bis zu 7.200 x 7.200 dpi.

Webcode: #46006

Computer & Office

Sie haben den Spaß, wir haben die Technik.

178 15.000 Radiostationen und mehr

Bislang waren der Empfangbarkeit von Radioprogrammen enge Grenzen gesetzt. Gut zu hören waren stets nur die lokal ausgestrahlten Sender.

Via Internetradio ist es jetzt möglich, mehr Radiostationen zu empfangen als je zuvor. Die Zahl der tatsächlich verfügbaren Stationen aus aller Welt dürfte aktuell irgendwo zwischen 15.000 und 20.000 betragen. Keine Frage, dass die meisten dieser Sender bei uns über andere Verbreitungswege überhaupt nicht zu hören wären. Das trifft auf lokale US-Stationen ebenso zu wie auf Radioprogramme aus Ozeanien, wie Radio Cook Islands, aus Asien oder aus sonst einer Ecke der Erde.

Alles was man dazu braucht, ist ein Internetradio, einen Breitbandanschluss mit Flatrate und ein Heimnetzwerk. Internetradios werden via LAN, meist jedoch über das drahtlose WLAN, mit dem Router verbunden. Bei der ersten Inbetriebnahme erfolgt die Anmeldung an das Heimnetzwerk automatisch. Ist Ihr drahtloses Netzwerk verschlüsselt, erfahren Sie über die Konfigurationsseite Ihres Routers, welchen Code Sie einmalig in Ihr Internetradio einzugeben haben.

Internetradios gibt es in zahlreichen Modellen vom Tischgerät bis zur hochwertigen Hi-Fi-Komponente. Internetradiosender klingen übrigens oft (noch) nicht ganz so gut, wie von UKW gewohnt. Dennoch liegt ihr besonderer Reiz darin, beinahe unendlich viele Programme aus aller Welt hören zu können.

Webcode: #15048

Multimedia

Sie haben den Spaß, wir haben die Technik.

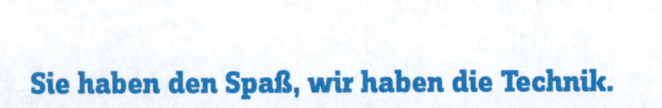

179 Die neue Dimension des Hörfunks: DAB+

Digital Audio Broadcasting ist ein digitaler Übertragungsstandard für terrestrischen Rundfunk. Die Technologie erlaubt durch effektive Komprimierungsverfahren die Übertragung von bis zu 15 Programmen in erstklassiger, dem analogen UKW hörbar überlegener Qualität. Dazu können umfangreiche Datendienste in bislang nicht bekanntem Ausmaß angeboten werden.

DAB und DAB+ sind in Deutschland gerade dabei, so richtig durchzustarten. In anderen Ländern Europas ist der Weltstandard bereits gut etabliert, wie in der Schweiz, Großbritannien oder Dänemark und Norwegen.

DAB+ schafft besseren Empfang in stets gleichbleibender Qualität. Verrauschtes und krachendes UKW gehört damit der Vergangenheit an. Außerdem bietet DAB+ die Chance, weitaus mehr Programme übertragen zu können, als das auf UKW je möglich wäre.

DAB+ lässt uns den Hörfunk in einer neuen Dimension erleben. Mittelfristig soll der Standard das analoge UKW ablösen.

Multimedia

Sie haben den Spaß, wir haben die Technik.

180 Was ist ein Oszilloskop?

Unter einem Oszilloskop versteht man ein elektronisches Messgerät, mit dem elektrische Messgrößen in Abhängigkeit vom zeitlichen Verlauf optisch auf einem Bildschirm dargestellt werden. Die Darstellung stellt einen Verlaufsgraphen in einem zweidimensionalen Koordinatensystem dar. Die horizontale Zeitachse wird x-Achse, die vertikale Achse y-Achse oder auch Ordinate genannt. Sie gibt die Messgröße, in der Regel die Spannungshöhe, wieder.

Stand der Technik sind digitale Oszilloskope, auch DSO (Digital Sampling Oscilloscope) genannt. Sie wandeln analoge Messwerte in digitale um und sind grundsätzlich Speicheroszilloskope, die die Messergebnisse auch nach der Messung, zum Beispiel für Dokumentationszwecke, bereitstellen oder auf einen PC übertragen.

Mit einem Oszilloskopvorsatz und geeigneter Software lässt sich heute auch jeder Computer mit USB-Schnittstelle als Oszilloskop verwenden. Damit können ermittelte Messwerte und -kurven besonders komfortabel weiterverarbeitet werden.

Webcode: #41017

Werkzeug

Sie haben den Spaß, wir haben die Technik.

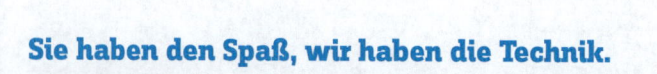

181 Li-Ion-Akkus richtig pflegen

Die Lebensdauer des Li-Ion-Akkus wird stark von seinem Nutzungsprofil beeinflusst. Hohe Lager- und/oder Betriebstemperaturen sowie hohe Lade- oder Entladeströme und Tiefentladungen verringern seine Lebensdauer.

Lithium-Ionen-Akkus reagieren empfindlich auf Überladungen und Überlastungen und können augenblicklich ausfallen. Bei Überlastung beginnen sie zu gasen. Dabei können sie sogar explodieren. Eine Ausnahme bilden aktuelle Konion-Akkus mit Metallgehäuse. Sie haben eine Temperatursicherung eingebaut, die den Stromfluss bei Fehlbedienung unterbricht, womit er bei Überlast oder Kurzschluss weder brennen noch explodieren kann.

Li-Ion-Akkus dürfen nicht im entladenen Zustand aufbewahrt werden. Um sie keinem beschleunigten Alterungsprozess auszusetzen, dürfen sie auch nicht voll aufgeladen gelagert werden. Braucht man sie länger nicht, sind sie halb aufgeladen bei tiefen Temperaturen aufzubewahren. Ihre Zellenspannung darf keinesfalls unter 2,5 V sinken.

Zum Laden von Li-Ion-Akkus sind Ladestationen erforderlich, die speziell für das Laden dieses Akkutyps konzipiert sind. Sie steuern den Ladestrom und überwachen die exakt einzuhaltende Ladeschlussspannung von 4,2 V.

Modellbau & Modellbahn

Sie haben den Spaß, wir haben die Technik.

182 Akkukapazität entscheidet über Laufzeit

NiMH-Akkus sind besonders beliebt, da es sie in den gängigen Batteriegrößen gibt und sie daher Verwendung in zahlreichen Geräten der Unterhaltungselektronik für Hobby und Beruf oder auch in Spielzeug finden.

Bei der Auswahl eines Akkus sind nicht nur Größe und Preis entscheidend. Besonders wichtig ist deren Akkukapazität. Sie wird in mAh (Milliamperestunden) angegeben. Je höher der Wert, umso längere Spielzeiten werden erreicht. Die beliebten Mignon-Akkus gibt es mit Kapazitäten von etwa 800 bis 2.700 mAh. Zwar sind die 2.700er etwas teurer, sie erlauben aber auch eine über dreimal so lange Spielzeit.

Da Akkus zudem auch nur eine begrenzte Anzahl von Ladezyklen erlauben (bis ca. 600 Mal), halten leistungsstärkere Akkus auch mehr als dreimal länger als solche mit geringer Kapazität.

Je höher die Akkukapazität, umso länger die erreichbare Spielzeit – Conrad 2.700-mAh-Mignon-Akkus (Best.-Nr.: 25 10 20).

Webcode: #31004

Energie

Sie haben den Spaß, wir haben die Technik.

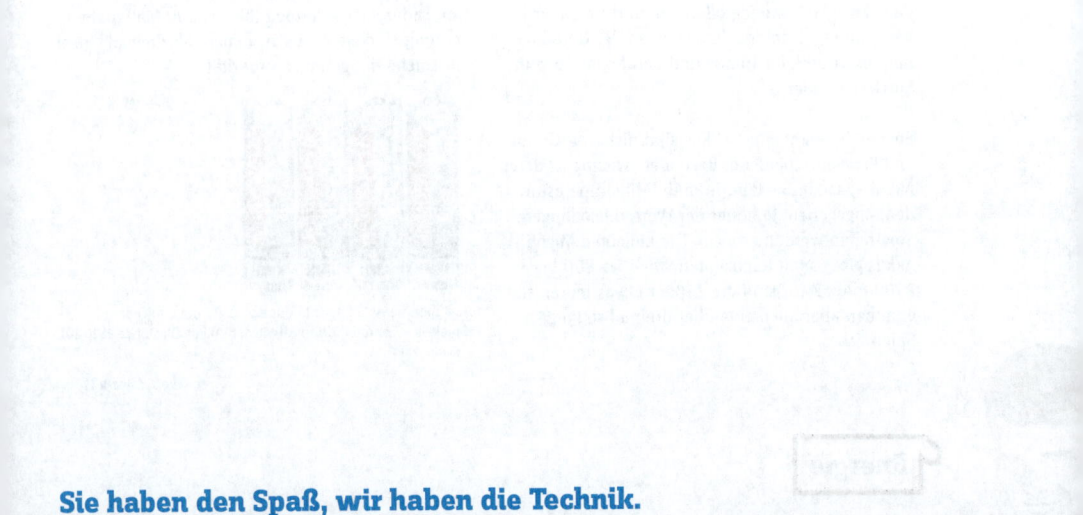

183 Hintergründe zu Metallsuchgeräten

Ein Metallsuchgerät, oder auch Metalldetektor bzw. Metallsonde, dient der Lokalisierung verborgener Metallteile. Je nach Ausführung reagieren sie nicht nur auf magnetische Stoffe wie Eisen, sondern auch auf nicht magnetische Objekte, beispielsweise aus Gold, Silber oder Bronze.

Im Metalldetektor arbeitet eine elektronische Schaltung und eine sogenannte Suchspule, die von einem Wechselstrom niedriger Frequenz durchflossen wird. Das so erzeugte Magnetfeld soll möglichst weit reichen. Metallteile werden durch Veränderungen des Magnetfelds lokalisiert.

Während des Suchvorgangs ist die Suchspule waagerecht und gleichmäßig im Abstand von etwa 2 cm über den Boden zu bewegen.

Hobby

Metallteile, wie Zäune, Fahrzeuge oder Kabel, können stören, weshalb zu ihnen ein ausreichender Abstand einzuhalten ist. Bei Erkennen eines Metallobjekts wird ein akustisches Signal ausgegeben. Die maximale Suchtiefe der Geräte bewegt sich in der soliden Mittelklasse bei rund 120 bis 140 cm. Einsteigergeräte orten Metallgegenstände nur bis maximal 50 cm, Spitzengeräte bis rund 2,2 m Tiefe.

Metallsuchgeräte der soliden Mittelklasse funktionieren bis zu einer Suchtiefe von 120 bis 140 cm (im Bild Best.-Nr.: 6714 45).

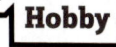

Sie haben den Spaß, wir haben die Technik.

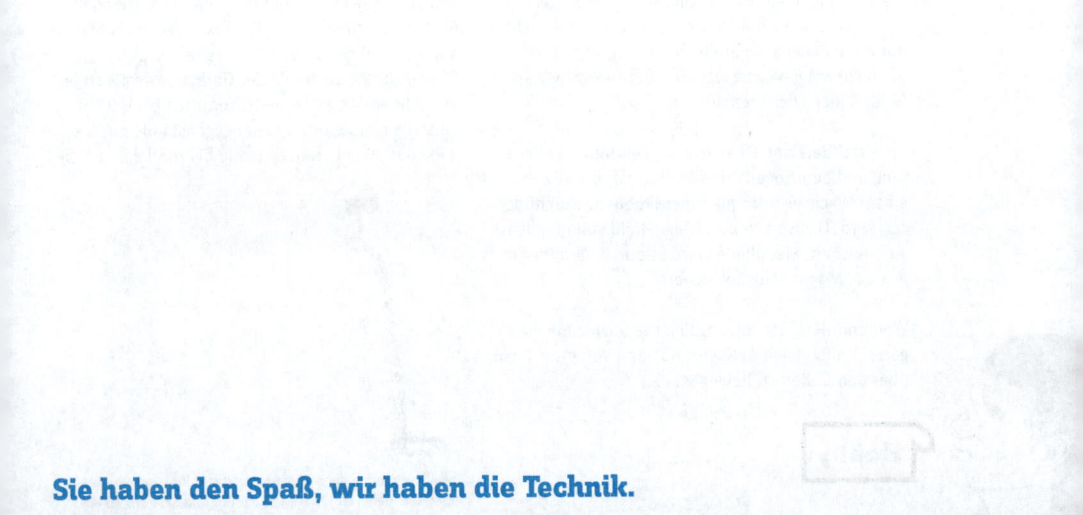

184 Startschwierigkeiten vorbeugen

Wer kennt so etwas nicht: Während Sie im Urlaub Kraft tanken, macht zu Hause Ihr Auto, vor allem die Batterie, allmählich schlapp. Schuld daran sind die kleinen Verbraucher im Fahrzeug, die auch dann laufen, wenn es wochenlang abgestellt ist. Zu ihnen zählen die Uhr und auch die Alarmanlage.

Solar-Kfz-Ladegeräte können vorbeugend helfen. Sie sind kompakt und leicht zu handhaben und werden einfach hinter der Windschutzscheibe aufgestellt. Dort fangen sie, sicher vor fremden Zugriffen, das Sonnenlicht ein und wandeln es in elektrische Energie um, die sie über den Zigarettenanzünder in die Batterie laden.

Damit wird der Energiehunger der Kleinverbraucher nicht nur ausgeglichen, sondern die Batterie bleibt auch weiter startbereit und sorgt dafür, dass Ihr Auto sofort anspringt, wenn Sie nach dem Urlaub wieder am heimatlichen Flughafen gelandet sind.

Solar-Kfz-Ladegerät (Best.-Nr.: 85 53 60).

Auto

Sie haben den Spaß, wir haben die Technik.

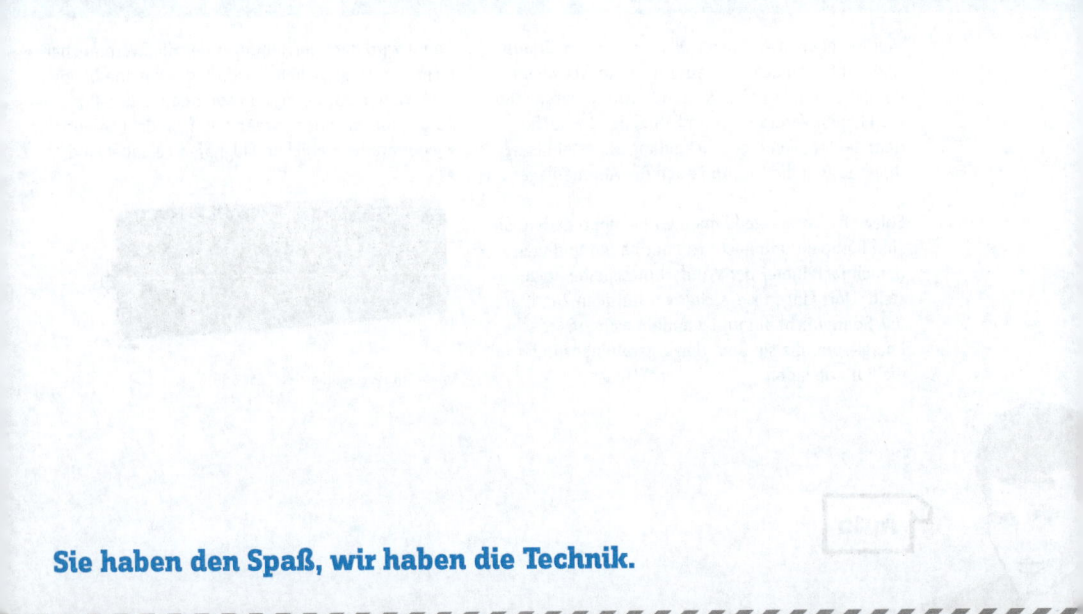

185 Schnurgebundene Telefone für den Notfall

Seien wir ehrlich: Schnurgebundene Festnetztelefone sind nicht mehr gerade das, was man sich heute wünscht. Denn wer mag es schon, wenn er beim Telefonieren ständig an einem Ort verharren muss?

Dennoch haben Schnurtelefone nach wie vor ihre Berechtigung. Da sie durchweg große Tasten haben, sind sie besonders leicht bedienbar. Ihr größter Vorteil liegt aber darin, dass sie keine eigene Stromversorgung benötigen. Damit ist man, anders als etwa bei Schnurlostelefonen, nicht darauf angewiesen, dass man im eigenen Haus Strom hat.

Schnurgebundene Festnetztelefone werden direkt über die Telefonleitung mit Energie versorgt. Daher funktionieren sie auch dann, wenn mal der Strom weg ist.

Haus & Garten

Sie haben den Spaß, wir haben die Technik.

186 Schneefreie Sat-Schüssel dank Heizfolie

Wohnen Sie auch in einer schneereichen Gegend und haben Ihre Sat-Antenne an einem exponierten, schwer zugänglichen Ort? Dann leiden Sie sicher auch darunter, dass Ihre Sat-Schüssel immer wieder mal ausfällt, weil sie zugeschneit ist.

Sofern der Reflektor aus Metall, beispielsweise aus Aluminium, ist, können Sie im unteren Bereich der Rückseite leicht eine oder mehrere selbstklebende Heizfolien anbringen. Sie gibt es in verschiedenen Größen in runder, quadratischer und rechteckiger Ausführung. Ihre Leistungsaufnahme bewegt sich bei leicht zu handhabenden 12-V-Heizfolien zwischen rund 10 und 35 W.

Sie werden einfach über ein geeignetes Netzteil mit Strom versorgt. Sie können sich sogar eine aufwendige Elektronik sparen, wenn Sie die Heizung nur dann in Betrieb nehmen, wenn der Empfang durch liegen bleibenden Schnee schlechter wird. Nachdem der Schnee durch Erwärmung der Schüssel abgeschmolzen ist, können Sie die Heizung wieder abstellen und bequem weiter fernsehen.

Bauelemente

Sie haben den Spaß, wir haben die Technik.

187 Welcher Monitor wofür?

Den für alle Anwendungen gleichermaßen gut geeigneten Universalmonitor gibt es leider nicht. Hier ist genaues Hinsehen erforderlich, denn das vom Fernsehen bekannte 16:9-Breitbildformat hat sich bis auf wenige Ausnahmen auch bei PC-Monitoren etabliert.

Businessmonitor: Der Businessmonitor ist für Büroanwendungen vorgesehen und bietet eine gute Kontrastwiedergabe sowie eine saubere Grafikdarstellung – Grundlagen für ermüdungsfreies Arbeiten. Businessmonitore haben meist ein Seitenverhältnis von 5:4, sind also weitgehend quadratisch.

Standardmonitor: Der Standardmonitor hat, wie auch alle anderen Monitore, das breite 16:9-Format und ist für die Bearbeitung von Grafiken, Fotos und Videos konzipiert. Seine Bilddiagonale sollte bei mindestens 48 cm liegen.

Full-HD-Monitor: Der Full-HD-Monitor eignet sich besonders für Multimedia-Anwendungen und nimmt über eine HDMI-Schnittstelle auch extrascharfe Bilder entgegen. Er erlaubt die Qualitätsbeurteilung eigener HD-Aufnahmen und ist für die HD-Film- und hochwertige Fotonachbearbeitung unerlässlich. Er sollte mindestens eine Bilddiagonale von 56 cm haben.

Webcode: #46005

Computer & Office

Sie haben den Spaß, wir haben die Technik.

188 Auf Digital-Sat-Empfang umstellen

Am 30. April 2012 geht eine Ära zu Ende. An diesem Tag werden die weltweit letzten analogen Satellitenfernsehprogramme abgeschaltet. Und das sind deutsche Sender, die derzeit noch analog via Astra auf 19,2° Ost ausgestrahlt werden. Parallel werden diese Programme und noch viele weitere seit über einem Jahrzehnt digital über denselben Satelliten ausgestrahlt – und zwar in besserer Bildqualität und mit zahlreichen spannenden Zusatzfunktionen. Daneben gibt es auch hochauflösende Kanäle ausschließlich digital.

Schaue ich noch analog?
Eine einfache Methode, das herauszufinden, ist der Teletexttest. Schalten Sie das Erste, ZDF, SAT1 oder RTL ein. Starten Sie den Teletext und wählen die Seite 198. Empfangen Sie bereits digital, lesen Sie: „Sie empfangen Ihre Fernsehprogramme bereits digital ... Für Sie besteht kein weiterer Handlungsbedarf." Sehen Sie noch analog, lesen Sie: „Wenn Sie diese Seite sehen und Ihr Fernsehgerät über einen Satellitenempfänger angeschlossen ist, empfangen Sie Ihre Fernsehprogramme analog." In dem Fall müssen Sie Ihre Anlage auf Digitalempfang umrüsten.

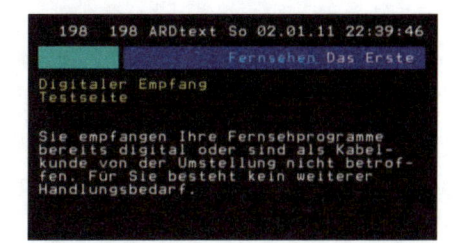

Sehen Sie diese Seite, empfangen Sie bereits digital. Alles okay.

Sie haben den Spaß, wir haben die Technik.

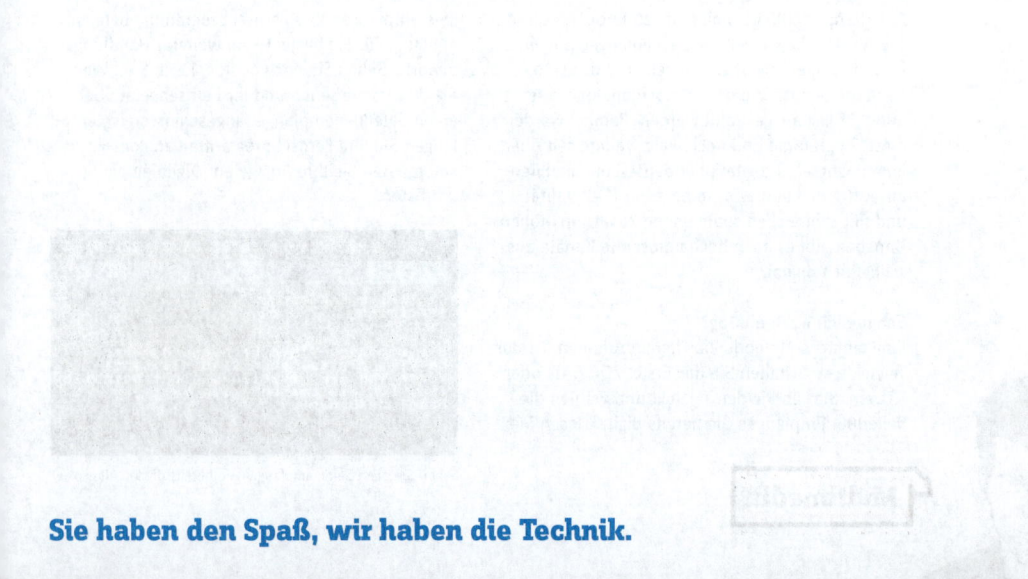

189 Elektrowerkzeug mit Li-Ion-Akku

Akkuschrauber sind wahre Kraftpakete, zumindest, wenn der Akku voll ist. Bei den meisten Geräten kommen NiMH-Akkus zum Einsatz. Allmählich beginnt man aber auch bei Werkzeugen die Vorzüge von Lithium-Ionen-Akkus zu erkennen.

Geräte mit Lithium-Ionen-Akkus sind praktisch immer einsatzbereit. Sie können jederzeit unabhängig vom gerade herrschenden Ladezustand nachgeladen werden. Zudem spielen bei ihnen die Selbstentladung und der Memoryeffekt praktisch keine Rolle.

Damit sind mit Li-Ion-Akkus betriebene Elektrowerkzeuge stets voll einsatzbereit, auch wenn die letzte Akkuaufladung schon länger zurückliegt.

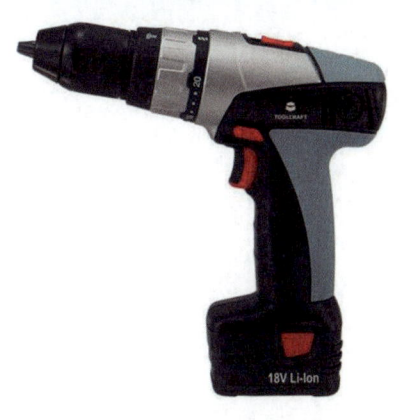

Akkuschrauber von Toolcraft mit Lithium-Ionen-Akku (Best.-Nr.: 82 15 63).

Werkzeug

Webcode: #11093

Sie haben den Spaß, wir haben die Technik.

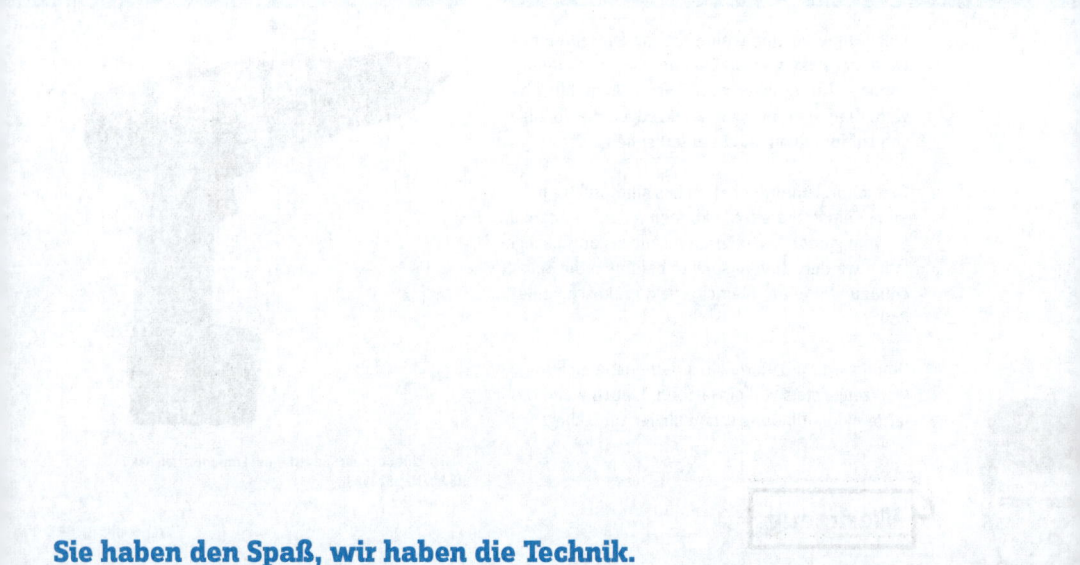

190 Landschaftsgestaltung

Egal ob Sie eine Modellbahnanlage oder ein Diorama aufbauen, den letzten Schliff bekommt beides durch die detailgetreue Geländeausgestaltung. Grundlage ist dabei stets die Bodengestaltung. Sie können Wiesen und Felder zum Beispiel mit verschieden eingefärbtem Streumaterial anlegen. Legen Sie jedoch Wert auf höchste Detailtreue, können Sie auch auf Wiesengräser mit einer Länge von 5 mm oder Weizenfelder mit einer Höhe von rund 10 mm (jeweils für H0) zurückgreifen.

Auch Bäume lockern jede Bahnanlage auf. Bedenken Sie dabei, dass Baum nicht gleich Baum ist. Treffen Sie deshalb stets eine bunte Auswahl an verschiedenen Bäumen. Das breite Angebot verschiedener Laub- und Nadelbäume von klein bis groß sorgt für genügend Abwechslung.

Webcode: #33086

Modellbau & Modellbahn

Sie haben den Spaß, wir haben die Technik.

191 Solar-Laderegler

Der Solarregler ist die Schaltzentrale zwischen Solarzelle und Solarakku. Er verhindert ein Überladen und eine Tiefentladung. An ihm sind auch alle Verbraucher angeschlossen.

Der Solarregler muss an das Solarmodul bzw. den Gesamtlaststrom und die Nennspannung angepasst sein. Kleine Anlagen erfordern beispielsweise nur einen kleinen Laderegler bis zu einem maximalen Laststrom von 4 A. Da über ihn nur kleine Ströme fließen, ist auch der Querschnitt der an ihm anzuklemmenden Kabel auf rund 1,5 mm² begrenzt. Für größere Anlagen werden Solar-Laderegler bis zu einem maximalen Ladestrom von 30 A bereitgestellt. Sie sind für Kabelquerschnitte bis 16 mm² geeignet, die sie auch brauchen, um die bei geringen Spannungen üblichen hohen Stromstärken gefahrlos verteilen zu können.

Laderegler unterscheiden sich weiterhin in der Art der Regelung. Einfache Modelle sind meist spannungsgesteuert, größere Modelle arbeiten mit einer Ladezustandssteuerung. Auch Laderegler brauchen Strom. Zwar nur wenig, aber der ist ebenfalls in die Planung einer Solaranlage mit einzubeziehen. Ihr Eigenverbrauch bewegt sich zwischen rund 1,5 und 20 mA.

Webcode: #12022

Energie

Sie haben den Spaß, wir haben die Technik.

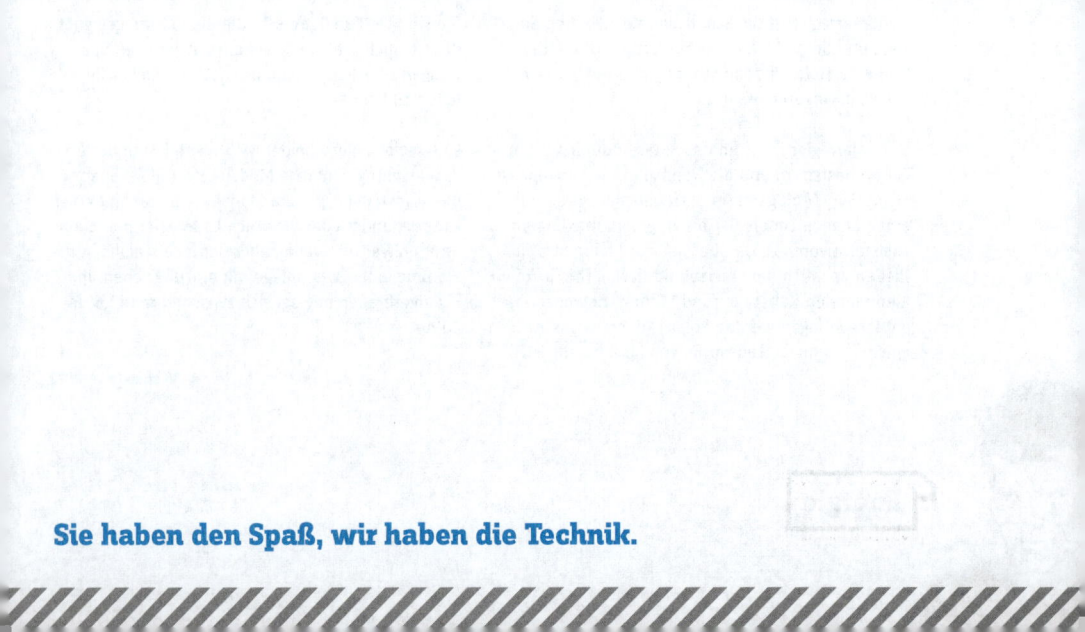

192 Multifunktionswerkzeug für Hobby und Beruf

Mit einem Werkzeug für alle Fälle gerüstet zu sein, steht nicht nur bei Outdoor-Sportlern hoch im Kurs. Auch im Beruf sind Multifunktionswerkzeuge, die neben einer Zange auch Messer, Schraubendreher, Dosen- und Flaschenöffner, Sägen für alle erdenklichen Einsätze und vieles mehr eingebaut haben, sehr beliebt.

Am bekanntesten sind die aus hochwertigem Edelstahl gefertigten „Leatherman Tools". Hierbei wird besonderes Augenmerk auf Stabilität und lange scharf bleibende Klingen gelegt. Auch wird auf die Einhaltung geringster Fertigungstoleranzen penibel geachtet.

All das garantiert uns, ein langlebiges und vor allem dauerhaft zuverlässiges Werkzeug für alle Lebenssituationen schnell zur Hand zu haben.

Profis gehen sogar so weit, dass sie, statt eine schwere Werkzeugkiste herumzuschleppen, lediglich den Leatherman im Lederholster mit dabeihaben.

Webcode: #41027

Sie haben den Spaß, wir haben die Technik.

193 Batteriefrühwarnsystem

In Wohnmobilen erfüllt die Autobatterie einen Doppelnutzen. Einmal wird sie, genauso wie bei jedem Pkw, dazu benötigt, die für den Fahrbetrieb erforderlichen Funktionen ausführen zu können, wozu bereits das Starten des Motors gehört.

Im Wohnmobil sorgt sie zusätzlich auch für den Energiebedarf im Wohnbereich, etwa für die Beleuchtung am Abend oder für den mitgeführten Fernseher. Besonders während längerer Standzeiten läuft man Gefahr, die Batterie über Gebühr zu entleeren, da sie ja währenddessen nicht von der Lichtmaschine nachgeladen wird.

Batteriespannungsmesser und Frühwarnsysteme überwachen laufend die Batteriespannung und informieren rechtzeitig über eine schwach werdende Batterie.

Frühwarnsysteme machen auch auf eine defekte Lichtmaschine und ein kaputtes Reglersystem oder einen gerissenen Keilriemen aufmerksam und helfen, Pannen vorzubeugen.

Auto

Sie haben den Spaß, wir haben die Technik.

194 Exakte Vorhersagen mit Funkwetterstationen

Einst verriet die eigene Wetterstation nur einen groben Trend des zu erwartenden Wetters. Moderne digitale Funkwetterstationen liefern deutlich genauere und ständig aktualisierte Vorhersagen. Diese empfangen sie über Funkfrequenzen:

Satellitengestützte Wetterstationen: WETTERdirekt-Wetterstationen bieten professionelle Prognosen. Globale Wetterdaten werden laufend von Satelliten, Radar- und Wetterstationen erfasst. Anhand dieser Daten wird die Wetterentwicklung von 300 Landkreisen erstellt und über ein auf 466 MHz arbeitendes Funknetz übertragen.

Meteotime-Wetterstationen: Von Profimeteorologen erstellte Prognosen werden mit täglicher Aktualisierung über den deutschen Zeitzeichensender DCF-77 (Mainflingen) und den Schweizer Zeitzeichensender HBG ausgestrahlt. Der Empfangsbereich ist in 90 Regionen aufgeteilt. In der Wetterstation ist lediglich die Region auszuwählen, in der sie genutzt wird. Meteotime-Stationen sind in weiten Teilen Europas einsetzbar.

IT+868 MHz-Stationen: Instant-Transmission-Stationen arbeiten, so wie klassische Wetterstationen, nur auf Basis lokal erfasster Daten. Sie bestehen aus einer Außen- und einer Inneneinheit, die per Funk miteinander verbunden sind. Sie erfassen Temperatur, Feuchtigkeit, Wind und Regen.

Webcode: #32015

Haus & Garten

Sie haben den Spaß, wir haben die Technik.

195 Aderendhülsen helfen beim Zusammenklemmen

Feinlitzige Drähte sind zwar gut biegbar und lassen sich leicht überall verlegen, sind sie aber einmal abisoliert, stehen ihre Litzen zu allen Seiten, was ihr Anschließen an einer Klemme erheblich erschwert. Verdrillen ist zwar ein Lösungsansatz, der dieses Problem beseitigt, allzu fest hält die Verdrillung auf Dauer jedoch auch nicht. Sie kann sich lockern und zu einer schlechten Verbindung und potenziellen Fehlerquellen führen.

Deshalb ist auf feinlitzige Drähte eine Aderendhülse zu stecken und mit einer Kerbzange untrennbar mit dem Draht zu verbinden. Aderendhülsen gibt es mit und ohne Isolationsbereich in verschiedenen Bauformen für Drähte aller erdenklichen Querschnitte. Die verwendete Aderendhülse muss an den Drahtquerschnitt angepasst sein.

Aderendhülsen schaffen die Voraussetzung für gute und dauerhaft stabile Klemm- und Schraubverbindungen und sollten bei keinem Elektronikbastler fehlen.

Bauelemente

Aderendhülsensortiment (Best.-Nr.: 73 70 30).

Sie haben den Spaß, wir haben die Technik.

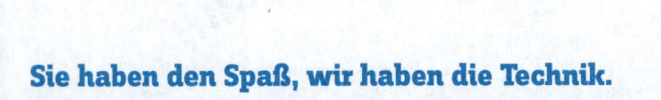

196 PC-Lautsprecher: auf Qualität achten

Der heimische Computer ist längst zur Multimedia-Maschine avanciert. Die Wiedergabe hochwertiger MP3- oder WMA-Audiofiles zählt ebenso zu den Standardanwendungen wie das Abspielen von HD-Filmen mit Dolby-5.1-Sound. Außerdem gibt es noch Internetradio und vieles mehr. PC-Lautsprecher werden also längst nicht mehr benötigt, um irgendwelche simplen Töne für Statusmeldungen wiederzugeben. Nachdem der Computer auch eine hochwertige Hi-Fi-Anlage ist, werden an die an ihm angeschlossenen Lautsprecher immer höhere Anforderungen gestellt.

Warum sich also länger mit einem quäkenden Etwas abfinden, wenn Musik über den PC auch atemberaubend toll klingen kann?

Hier können vor allem hochwertige Lautsprechersysteme, die es inzwischen auch für den Computer gibt, voll und ganz überzeugen. Bei Stereolautsprechern sorgt der große Resonanzkörper für guten Sound, Surroundsysteme bieten mit ihrem Subwoofer satte Bässe.

Webcode: #36016

Computer & Office

Sie haben den Spaß, wir haben die Technik.

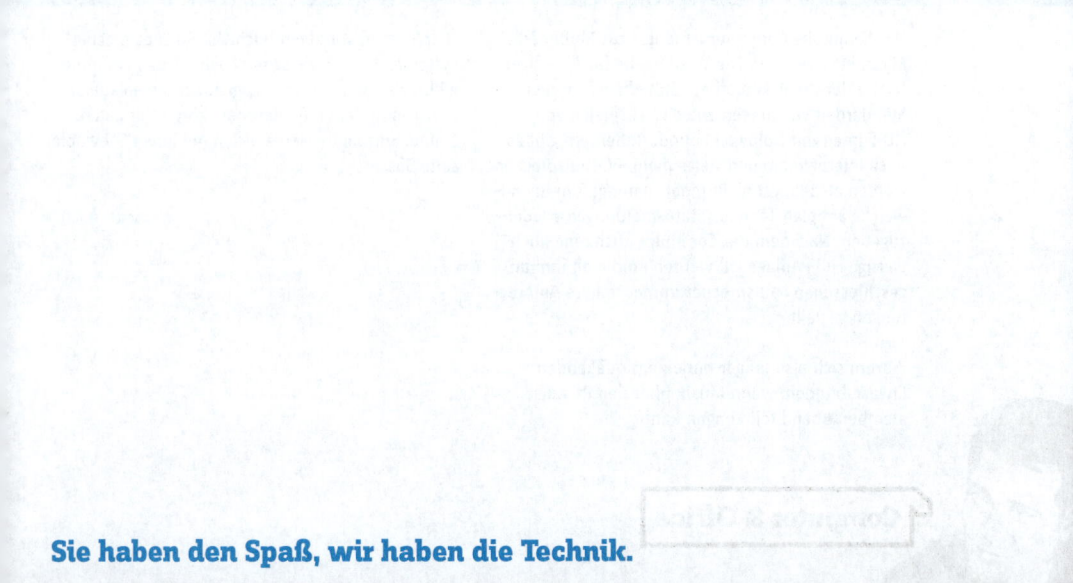

197 DSLR: digitale Spiegelreflexkameras

Digitale Spiegelreflexkameras bilden die Königsklasse der Fotografie. Sie sind zwar vergleichsweise groß und schwer, haben dafür aber die größten und leistungsstärksten Aufnahmesensoren eingebaut. Bei diesen kommt es nicht nur auf die Anzahl der Pixel an, sondern auch auf die Größe. Auch größere Optiken sorgen für brillantere Bilder.

Spiegelreflexkameras fotografieren grundsätzlich im klassischen Fotoformat im Seitenverhältnis von 3:2. Sofern sie auch über einen Videomodus verfügen, filmt dieser mit dem heute üblichen 16:9-Format.

Während Kompaktkameras Fotos in der Regel als JPEG-Datei speichern, beherrschen digitale Spiegelreflexkameras auch das RAW-Format, das besonders hochwertige Fotos gewährleistet. Zusätzlich können sie jedes geschossene Bild als JPEG speichern (modellabhängig).

Zu den besonderen Vorteilen von Spiegelreflexkameras zählen die vielfältigen Einstellungsmöglichkeiten, beispielsweise die manuelle Blenden- oder Belichtungssteuerung sowie die ebensolche Entfernungseinstellung. Damit lassen sich viele spannende Effekte schaffen, die mit Kompaktkameras undenkbar wären.

Webcode: #25003

Multimedia

Sie haben den Spaß, wir haben die Technik.

198 Genaues Messen ohne Maßband

Das alte Maßband hat ausgedient. Mit elektronischen Entfernungsmessgeräten lassen sich schnell und präzise Entfernungen von 0,05 bis 50 m ermitteln. Zwei Systeme kommen zum Einsatz:

Ultraschall: Ultraschallmessgeräte senden in Richtung Zielpunkt ein Ultraschallsignal aus, das am Ziel reflektiert und als Echo zum Messgerät zurückgeworfen wird. Anhand des Zeitunterschieds wird die Entfernung ermittelt. Die Geräte sind einfach und preiswert und bieten gute Genauigkeit in Innenräumen.

Laser: Lasermessgeräte führen eine optische Messung mittels Laser durch. Dabei wird ein Laserimpuls zum anvisierten Punkt gesendet, dort reflektiert und von einer Fotozelle im Gerät empfangen. Aus der Zeitspanne zwischen Aussenden und Empfangen des Impulses wird die Entfernung berechnet. Diese Geräte sind für innen und außen geeignet und bieten sehr hohe Genauigkeiten auch bei großen Distanzen.

Werkzeug

Laserentfernungsmesser im Einsatz.

Webcode: #41008

Sie haben den Spaß, wir haben die Technik.

199 Digitale Eisenbahnsteuerung

Moderne Modellbahnen arbeiten nicht mehr analog, sondern digital. Früher wurden sie noch ausschließlich analog gesteuert, wozu die Gleisanlage in mehrere Stromkreise aufgeteilt wurde. Jeder wurde mit einem Trafo verbunden, der stets nur einen Zug steuern konnte.

Bei digitalen Anlagen, selbst bei sehr großen, kommt nur noch ein Trafo zum Einsatz. Zusätzlich werden ein sogenannter Booster, der dem Strom digitale Steuerbefehle zufügt, und ein Steuergerät benötigt. Dieses hat Ähnlichkeit mit modernen Fernbedienungen, ist aber per Kabel an den Booster angeschlossen. Es verfügt über ein Tastenfeld, mehrere Funktionstasten und den schon von anno dazumal bekannten griffigen Drehregler. Steuergeräte sind programmierbar.

Modellbau & Modellbahn

Sie können auf mehrere digitaltaugliche Loks angelernt werden. Welche man steuern möchte, ist in einem Menü auszuwählen. Auf diese Weise werden bis zu 9.999 Lokomotiven, bis zu 1.024 Weichen und Weiteres gesteuert. Damit kann man mit jedem Zug in einem gemeinsamen Stromkreis unabhängig von allen anderen Zügen vor und zurück, schnell und langsam fahren oder auch stehen bleiben. Damit erfährt die Beschäftigung mit Modelleisenbahnen eine bislang nicht gekannte spannende Dimension.

Steuergerät einer digital gesteuerten Modellbahn.

Webcode: #33122

Sie haben den Spaß, wir haben die Technik.

200 ISDN – auch heute noch aktuell

Im deutschen Sprachraum begann man ab 1988 bis 1992 mit der Einführung von ISDN. Es unterscheidet sich vom analogen Telefonanschluss durch die bis zum Endgerät stattfindende digitale Übertragung. Zudem bietet es bis heute diverse Leistungsmerkmale rund um das Telefonieren, beispielsweise Rufnummernanzeige, Dreierkonferenz, Makeln, Rufweiterschaltung, einen automatischen Rückruf bei besetzt, mehrere Rufnummern bei zwei gleichzeitig nutzbaren Rufkanälen und bessere Sprachqualität.

Mit der fortschreitenden Verbreitung schneller DSL-Netze verlor ISDN, über das auch ein etwas schnellerer Internetzugang als über die analoge Leitung möglich ist, fortlaufend an Bedeutung. Dennoch sind bis in die Gegenwart mehr als 10 Millionen Teilnehmer der ISDN-Technologie treu geblieben. Ausschlaggebend für sie sind hierbei die umfangreichen und komfortablen exklusiven ISDN-Leistungsmerkmale für Telefonie. Selbst als DSL-User muss man nicht auf ISDN-Annehmlichkeiten verzichten, denn beide Services lassen sich auch gemeinsam nutzen.

Webcode: #33078

Haus & Garten

Sie haben den Spaß, wir haben die Technik.

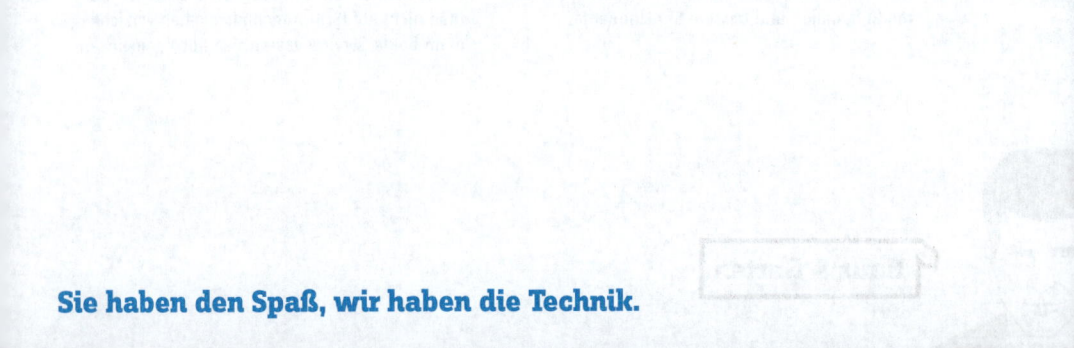

201 Windgenerator versus Solaranlage

Ein Windgenerator kann eine überlegenswerte Alternative zur Stromversorgung kleiner Anlagen sein, an denen es kein öffentliches Stromnetz gibt. Ihre Vorteile ergeben sich beim direkten Vergleich mit Solaranlagen:

Wind bläst vielerorts fast immer: mal mehr, mal weniger, Tag und Nacht, Sommer wie Winter. Damit können sie unter idealen Voraussetzungen rund um die Uhr elektrische Energie erzeugen.

Solaranlagen funktionieren indes am besten im Sommer. Da steht die Sonne am höchsten und scheint in Deutschland selbst im Süden bis zu 16 Stunden am Tag. Während des Winters sind die Tage indes recht kurz.

Zudem strahlt die Sonne nur mit flachem Winkel in unseren Breiten, womit nur wenig Energie erzeugt wird. Liegt dann auch noch Schnee auf den Zellen, ist es mit der Stromerzeugung komplett aus.

Selbst kleine Windgeneratoren mit einem Rotordurchmesser von rund 90 bis 120 cm erzeugen unter optimalen Bedingungen 90 bis 160 W. Dazu sind bereits an die 2 m^2 große Solarmodule nötig.

Energie

Sie haben den Spaß, wir haben die Technik.

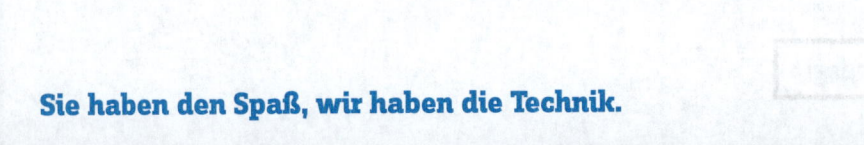

202 Lupenleuchten für filigrane Arbeiten

Mit zunehmendem Alter lässt die Sehkraft nach – besonders wenn es um das Erkennen kleiner Bauteile geht. Betroffen sind davon grundsätzlich alle, die das 40. Lebensjahr überschritten haben und bei denen sich die Altersfehlsichtigkeit allmählich bemerkbar macht.

Tischlupenleuchten sind die ideale Abhilfe. Sie helfen, auch kleinste Werkstücke ausreichend groß und im besten Licht zu sehen, und erlauben besonders präzises Arbeiten. Damit sollte eine Lupenleuchte in keiner Elektronik- oder Feinmechanikwerkstatt fehlen. Auch Modellbauer oder Modellbahner wissen sie zu schätzen.

Eine Alternative zu Lupenleuchten stellen Kopfbandlupen mit eingebautem LED-Scheinwerfer dar. Da man mit ihnen die „Vergrößerung" immer dabeihat, erlauben sie das komfortable Arbeiten an größeren Projekten, ohne die Lupenleuchte oder das Werkstück laufend neu platzieren zu müssen.

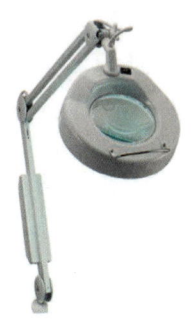

Werkzeug

Tischlupenleuchte (Best.-Nr.: 82 16 63).

Webcode: #11020

Sie haben den Spaß, wir haben die Technik.

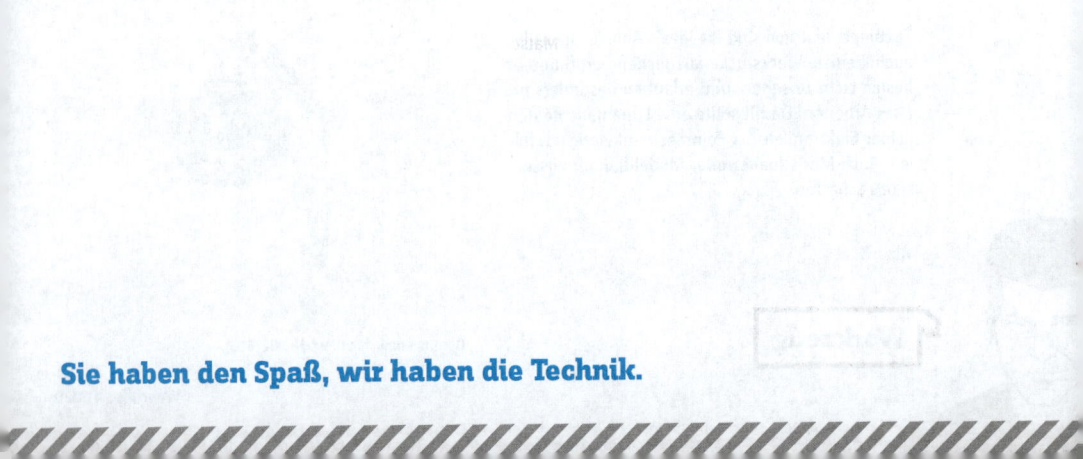

203 Automatten halten den Fußraum rein

Die Fußräume unserer Autos sind in der Regel mit strapazierfähigen Teppichbezügen ausgestattet. Das sieht zwar toll aus, aber nur solange man nicht im Fahrzeug Platz genommen hat. Bereits Straßenstaub lässt die schöne Pracht schnell verschwinden. Hat man sein Auto auf einem unbefestigten Parkplatz abgestellt, nimmt man unfreiwillig besonders viel Schmutz mit ins Auto, unter anderem auch Matsch. Dass dieser den kostbaren Boden unrettbar verdreckt, liegt auf der Hand.

Automatten gibt es in geeigneter Größe für alle Fahrzeuge und auch in allen erdenklichen Ausführungen von „nur zweckmäßig" bis „richtig edel". Ihr besonderer Vorteil liegt darin, dass sie sich jederzeit aus dem Auto herausnehmen und somit leicht und bequem reinigen und gegebenenfalls auch gegen neue ersetzen lassen.

Webcode: #13079

1 Auto

Sie haben den Spaß, wir haben die Technik.

204 Schnurlostelefonakku tauschen

Kein Akku hält ewig. Das fällt besonders bei Geräten auf, die man ständig in Verwendung hat, wie das Schnurlostelefon. Bietet es nur noch kurze Sprechzeiten, obwohl der Akku ständig voll geladen wird, hat dieser das Ende seiner Lebensdauer erreicht und ist zu ersetzen.

Häufig kommen in den Telefonen Standardakkus der Größe AA oder AAA zum Einsatz. Diese sind jedoch selten als solche erkennbar, weil sie in einem Akkupack, häufig mit undurchsichtiger Folie, zusammengeschweißt sind. Zudem haben sie einen Anschlussdraht mit Stecker, der in eine Buchse im Batteriefach des Telefons zu stecken ist.

Conrad hält eine große Palette an Austauschakkus bereit. Dazu muss man lediglich den Telefontyp kennen. Hilfreich sind ferner die technischen Daten des Originalakkus, die meist darauf aufgedruckt sind. Entscheidend sind dabei die Akkutechnologie, wie NiMH oder Li-Ion, und die Spannung. Beide Kriterien müssen vom Austauschakku erfüllt werden, damit dieser in der Ladestation des Schnurlostelefons geladen werden kann.

In alten Schnurlostelefonen sind oft noch NiCd-Akkus verbaut. Diese können durch NiMH-Modelle ersetzt werden.

Haus & Garten

Sie haben den Spaß, wir haben die Technik.

205 Mehrfachnutzen von USB-Hubs

Unter einem USB-Hub versteht man eine Computer-Mehrfachsteckdose, an der mehrere USB-Geräte angedockt werden können. Zu ihnen zählen externe Festplatten, USB-Sticks, Scanner, Drucker und so weiter. Häufig übersteigt deren Anzahl die am PC vorhandenen USB-Schnittstellen, wodurch man gezwungen wäre, ständig die Geräte daran zu wechseln – was irgendwann nervt. Je nach Ausführung erlaubt ein USB-Hub das Andocken von etwa vier bis zehn Geräten. Das Tolle: Dazu ist nur eine einzige USB-Schnittstelle am Rechner nötig.

Ein USB-Hub hilft zudem, Ordnung auf dem Schreibtisch zu schaffen. Sind Peripheriegeräte über Hub mit dem Computer verbunden, führt von ihm nur eine einzige USB-Leitung weg, was besonders für Notebooks interessant ist, da nicht ständig alles Mögliche ein- und ausgesteckt werden muss. Festplatte und Co. lassen sich zudem dort aufstellen, wo sie am wenigsten stören. Das schafft Ordnung und Wohlbehagen am Arbeitsplatz.

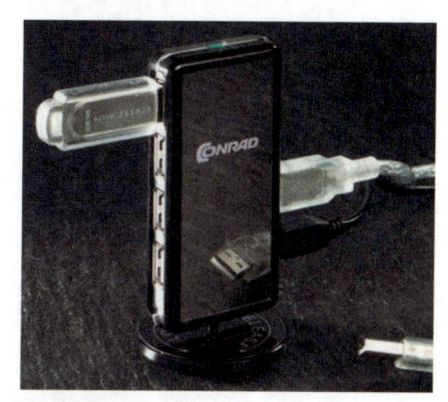

Computer & Office

USB-Hub (Best.-Nr.: 97 49 09).

Sie haben den Spaß, wir haben die Technik.

206 Mit Ultraschall reinigen

Ultraschall erlaubt eine intensive Reinigung an festen Materialien aller Art. Das Besondere daran: Die Reinigung erfolgt mühelos und besonders gründlich. Ein Ultraschallreiniger besteht vereinfacht ausgedrückt aus einer Wanne, in die mit Reinigungskonzentrat vermischtes Wasser zu füllen ist. Diese Reinigungsflüssigkeit wird in hochfrequente Schwingungen versetzt. Sie sorgen dafür, dass auch kleinste Schmutzpartikel an unzugänglichen Stellen wirksam abgelöst werden.

Dieses effiziente und gleichzeitig sehr schonende Reinigungsverfahren eignet sich besonders zur Säuberung von Schmuck, Münzen, Brillen, Leiterplatten, Zahnprothesen und so weiter. Grundsätzlich können auf diese Weise alle festen Materialien gereinigt werden.

Werkzeug

Ultraschallreinigungsgerät (Best.-Nr.: 86 03 94).

Webcode: #41010

Sie haben den Spaß, wir haben die Technik.

207 Positiver Sturz

Beim positiven Sturz zeigen die Radoberkanten nach außen. Er wird erreicht, indem man den negativen Sturz so weit verringert, dass sich die Schräge der Räder in die andere Richtung umkehrt. Damit einher geht auch eine Verminderung der Seitenführungskräfte der Reifen, womit das Fahrzeug auszubrechen droht. Insgesamt verschlechtern sich somit beim positiven Sturz an den Vorderrädern die Fahreigenschaften des RC-Buggys.

Ein positiver Sturz verschlechtert die Fahreigenschaften beim Kurvenfahren.

Modellbau & Modellbahn

Sie haben den Spaß, wir haben die Technik.

208 Welcher Solarakku?

Solarakkus sind robuster als Autobatterien. Sie haben eine höhere Zyklenzahl und eine geringere Selbstentladung. Die Akkumindestgröße in einer Inselanlage beträgt 80 Ah.

Die Kapazität eines Solarakkus ist auf die geplante autark arbeitende Solaranlage und deren Nutzungsverhalten abzustimmen. Der Akku ist jedenfalls so zu bemessen, dass er die unter idealen Voraussetzungen im Sommer vom Modul während eines Tages erzeugte Energie vollständig zu speichern vermag. Dabei gilt es zu berücksichtigen, dass der Akku nicht voll entladen werden kann und darf. Daher sollte er etwas größer als die errechnete Solarzellenkapazität sein.

Außerdem ist das Nutzungsverhalten mit einzubeziehen. Soll täglich Strom aus der Solaranlage verbraucht werden, genügt ein Akku, der die maximale Solarzellentagesproduktion speichert. Im Wochenendhäuschen wird stattdessen vergleichsweise viel Strom an wenigen Tagen (Wochenende) benötigt. Um diesen Energiebedarf stillen zu können, sollte die Akkukapazität die Stromerzeugung mehrerer Tage, idealerweise einer ganzen Woche, speichern können. Damit hat man auch genügend Strom, wenn man mal länger bleibt oder Schlechtwetter nur eine unzureichende Ladung zulässt.

Energie

Sie haben den Spaß, wir haben die Technik.

209 Mikrofone mit Windschutz betreiben

Haben Sie schon mal eine Audio- oder Videoreportage im Freien gemacht? Und haben Sie es auch schon erlebt, dass die Tonaufnahmen bereits durch ein kleines Lüftchen stark beeinträchtigt oder gar unbrauchbar wurden? Falls ja, dann haben Sie Ihr Mikrofon garantiert ohne Windschutz verwendet.

Ein Windschutz für Mikrofone ist aus Schaumstoff gefertigt und über den vorderen Teil des Mikrofons zu stecken. Er verringert das durch den Wind hervorgerufene Pfeifen weitgehend und sorgt für gute Aufnahmen.

Der Windschutz ist aber auch bei Indoor-Aufnahmen, etwa wenn Sie Texte für Ihre Videofilme sprechen, unverzichtbar. Er unterbindet nicht nur Zischgeräusche, wie sie meist bei „S-Lauten" entstehen, auch durch Ausatmen verursachte Störgeräusche werden so wirkungsvoll unterbunden.

Hobby

Windschutz verbessert die Aufnahmequalität besonders im Freien erheblich.

Sie haben den Spaß, wir haben die Technik.

210 Sitzbezüge schonen

Sitzbezüge, auch unter dem Namen Schonbezüge bekannt, helfen, das Innere unserer Fahrzeuge lange gepflegt zu halten. Als Erwachsener mag man zwar darauf aufpassen, dass Sitze schön und sauber bleiben, vor allem bei Kleinkindern darf man aber nicht davon ausgehen. Krümel oder Schokoladenflecken können dem Originalbezug arg zusetzen. Schonbezüge lassen sich leicht reinigen, indem sie einfach bei Verschmutzung abgezogen werden.

So helfen sie nicht nur dabei, die Originalausstattung des Autos sauber und wertig zu halten, sondern sie verhelfen der Fahrgastzelle auch zu einem schöneren Aussehen.

Sitzbezüge sind aber auch für Vielfahrer nützlich, da sie den Originalbezug damit nicht so schnell ab- oder gar durchscheuern.

Webcode: #13081

Sie haben den Spaß, wir haben die Technik.

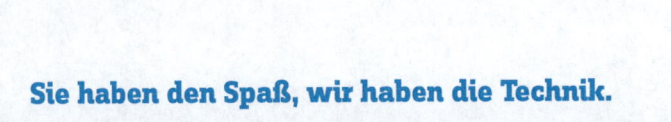

211 Welche Nebenstellenanlage?

Eine Nebenstellenanlage muss an den vorhandenen Telefonanschluss angepasst sein. Je nachdem, ob ein analoger, ein ISDN- oder ein VoIP-Anschluss vorhanden ist, wird eine andere Anlage benötigt. Verschiedene Modelle werden in allen drei Varianten angeboten.

Die Art der Nebenstellenanlage richtet sich auch nach den geforderten Funktionen, beispielsweise wie viele Nebenstellen bedient werden sollen oder ob auch ein Anrufbeantworter integriert sein soll. Verschiedene Nebenstellenanlagen sind über PC konfigurierbar, womit jedem einzelnen angeschlossenen Teilnehmer auch eine individuelle Amtsberechtigung zugeordnet werden kann.

Dazu ist eine Nebenstellenanlage das ideale Instrument, um eine Haussprechanlage zu verwirklichen und diese mit klassischen Telefonanwendungen zu kombinieren.

Anwendungsbeispiel einer Telefonanlage.

Haus & Garten

Sie haben den Spaß, wir haben die Technik.

212 Elektroisolierband richtig einsetzen

Elektroisolierband ist ein schwer entflammbares klebendes PVC-Band für die Elektroinstallation. Es ist in verschiedenen Farben verfügbar, die nicht zufällig gewählt wurden, sondern den bei der Elektroinstallation üblichen Drahtfarben entsprechen. Jede Farbe kennzeichnet im Bereich der E-Installation und Elektronik bestimmte Funktionen.

- **Rot** kommt beispielsweise für die Plusleitung in Gleichstromanlagen – das kann auch eine selbst gebastelte mit Batterie betriebene Schaltung sein – zum Einsatz.

- **Blau** entspricht dem Minuspol, kommt aber auch für den Neutralleiter in Wechselstromanlagen zum Einsatz.

- **Schwarz** entspricht dem Außenleiter, auch Phase genannt.

- **Gelbgrün** entspricht dem Erdungsdraht.

Anhand der Farbcodes erkennt der Elektriker, welche Funktion ein Draht oder ein mit Isolierband isoliertes Teil erfüllt. Um Verwechslungen und somit potenzielle Unfallgefahren auszuschließen, dürfen in der Elektroinstallation Isolierbandfarben nicht willkürlich eingesetzt werden.

Webcode: #31020

Bauelemente

Sie haben den Spaß, wir haben die Technik.

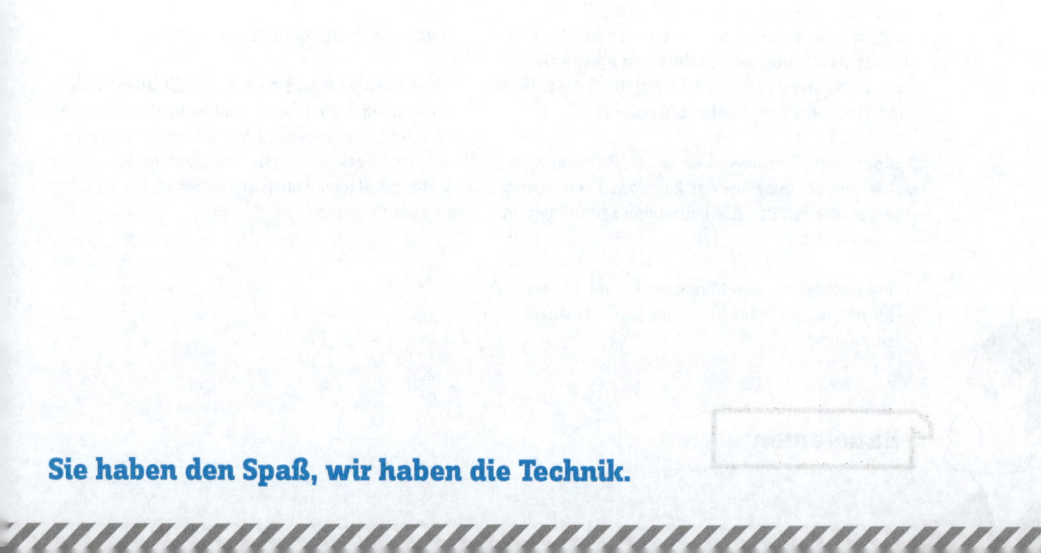

213 USV schützt PC

Der Super-GAU eines jeden Heim-PC-Anwenders findet statt, wenn während der Arbeit plötzlich der Strom ausfällt. Eine brenzlige Situation, in der nicht nur wichtige Dateien unwiederbringlich verloren sein können, sondern auch der PC ernsthaft in Mitleidenschaft gezogen werden kann.

Eine unterbrechungsfreie Stromversorgung (USV) schafft Abhilfe. Sie ist ein Stromspeicher und zwischen Steckdose und Computer zu stecken. Je nach Ausstattung kann über eine USV eine PC-Anlage mit einem Anschlusswert von 350 bis 2.000 VA betrieben werden. Neben dem Rechner können so auch der Monitor und alle erdenklichen Peripheriegeräte betrieben werden.

Bleibt der Strom weg, gibt die USV bei Volllast 2 bis 5 Minuten Zeit, um die in Arbeit befindlichen Dateien zu speichern und den Rechner gesichert herunterzufahren. Bei Teillast, wenn also alle nicht benötigten Geräte wie Scanner und Drucker ausgeschaltet sind, bleiben rund 12 bis 20 Minuten Zeit, um gerade laufende Anwendungen, wie das Brennen einer DVD, abzuschließen und dann den Rechner abzustellen.

Die Vorteile: Kein Datenverlust, keine Gefahr für den PC.

Computer & Office

Sie haben den Spaß, wir haben die Technik.

214 LCD- oder LED-TV?

Moderne HD-Flachbildfernseher gibt es derzeit auf Basis dreier Bildschirmtechnologien: Plasma, LCD und das noch in den Kinderschuhen steckende OLED-Verfahren. Am weitesten verbreitet sind derzeit LCD-Geräte. Ihnen wird der Platz seit Neuerem von sogenannten LED-Fernsehern streitig gemacht. Genau genommen sind auch sie LCD-Fernseher. LED-Fernseher unterscheiden sich von den „normalen" LCD-Geräten jedoch in der Hintergrundbeleuchtung. Denn damit man am LCD-Bildschirm etwas erkennen kann, muss dieser von hinten, also quasi aus dem Geräteinneren, beleuchtet werden. In der Vergangenheit kamen dazu ausschließlich spezielle Leuchtstofflampen zum Einsatz. Sie erlauben keine gleichmäßige Ausleuchtung der gesamten Bildfläche und haben zudem Probleme mit der Farbe Schwarz, die als Dunkelgrau wiedergegeben wird. LED-Fernseher nutzen über die gesamte Bildschirmfläche verteilt LEDs zur Beleuchtung. Damit lassen sich nicht nur sattere Farben, wie auch Tiefschwarz, sondern auch weitaus bessere Kontrastverhältnisse erzielen.

Webcode: #45005

Multimedia

Vergleich LCD-Fernseher mit LED- (links) und herkömmlicher Hintergrundbeleuchtung (rechts).

Sie haben den Spaß, wir haben die Technik.

215 Schutzisolierte Schraubendreher

Schutzisolierte Schraubendreher erkennt man daran, dass sie mit Ausnahme der Klinge vollständig isoliert sind. Bei gutem Werkzeug sind der Griff und die Isolierung der beinahe gesamten Klinge untrennbar miteinander verbunden, womit sie nicht nach vorne abgezogen werden kann. Der Vorteil schutzisolierter Schraubendreher ist, dass man mit ihnen auch unter Spannung arbeiten kann. VDE-geprüfte Schraubendreher erlauben je nach Klassifizierung das Arbeiten an unter Spannung stehenden Teilen von bis zu 1.000 V (Hinweis am Schraubendreher beachten).

Bei einfachen, nicht schutzisolierten Schraubendrehern ist die Klinge ausschließlich aus Stahl ausgeführt. Würde man damit an unter Spannung stehenden Teilen arbeiten und abrutschen, würde das ernste Unfälle, möglicherweise sogar mit Todesfolge, nach sich ziehen.

Damit man Schraubendreher stets überall dort, wo man sie gerade braucht, auch wirklich gefahrlos verwenden kann, sollte man ausschließlich zu schutzisolierten Schraubendrehern greifen.

Webcode: #31013

Werkzeug

Sie haben den Spaß, wir haben die Technik.

216 Servo richtig anschließen

Servos zählen zu den kleineren Bauteilen in einem RC-Großmodell. Man kann sie als Black Box beschreiben, aus der auf einer Seite eine kleine Welle herausragt, an der ein Hebel angebracht ist. Seitlich gehen drei Drähte ab.

Der Servo ist eines der wichtigsten Geräte eines ferngesteuerten Modells. Er setzt Steuerbefehle in eine mechanische Bewegung um. Servos treiben im RC-Buggy die Lenkung und bei Modellen mit Verbrennungsmotor das Gas- und Bremsgestänge an. In RC-Flugzeugen und -Helikoptern sorgen sie beispielsweise dafür, dass die Modelle in die gewünschte Richtung fliegen.

Gelegentlich müssen Servos ausgetauscht werden, etwa wenn sie bei einem Crash Schaden genommen haben. Sie haben drei Drähte, mit denen sie am Fernsteuerungsempfänger anzuschließen sind.

Anschlussschema eines Servos		
Funktion	**Drahtfarbe System Futaba**	**Drahtfarbe System Graupner**
Pluspol	Rot	Rot
Minuspol	Schwarz	Braun
Impuls	Weiß	Orange

Modellbau & Modellbahn

Sie haben den Spaß, wir haben die Technik.

217 230 V für unterwegs

Die 12-V-Bordspannung unserer Autos eignet sich zwar grundsätzlich auch für den Betrieb kleinerer Elektrogeräte, zum Teil ist es aber schon etwas nervig, wenn man für das Handy ein teures 12-V-Netzteil braucht oder wenn man das übliche Ladegerät für Akkus aller Art nicht nutzen kann. Auch verschiedenen kleinen Geräten der Unterhaltungselektronik sind nicht serienmäßig 12-V-Kabel beigepackt.

Hier helfen 230-V-Wechselrichter weiter. Sie wandeln die 12 V Gleichspannung der Autobatterie in 230 V Wechselspannung um. Ihre Anschlussleistung ist jedoch begrenzt. Sehr kleine Wechselrichter versorgen Geräte bis zu einer Leistungsaufnahme von 100 W. Etwas größere Modelle erlauben den Betrieb von 300 bis 500 W und eignen sich noch für den Pkw-Einsatz.

Energie

An sehr großen Wechselrichtern können bis zu 2.000 W angeschlossen werden. An sie kann bereits ein üblicher Haarföhn angeschlossen werden.

Doch Achtung! Sehr hohe Anschlussleistungen rufen einen extrem hohen Stromfluss auf der 12-V-Seite hervor. Bei einem 2.000-W-Föhn sind dies bereits an die 170 A. Das setzt nicht nur einen fixen Anschluss am Akku mit sehr großen Drahtquerschnitten voraus, sondern auch einen sehr großen Akku.

300-VA-Wechselrichter von Voltcraft (Best.-Nr.: 51 17 45).

Sie haben den Spaß, wir haben die Technik.

218 Stromarten

Gleichstrom: Gleichstrom fließt nur in eine Richtung mit gleichbleibender Stromstärke.

Die meisten elektronischen Geräte, wie TV, Radio, PC oder auch die Steuerung der Waschmaschine, werden mit Gleichstrom betrieben. Er wird durch Gleichrichtung aus dem Wechselstrom gewonnen.

Wechselstrom: Wechselstrom fließt mit ständig wechselnder Richtung und Stärke.

Bei ihm kommt es zu einer laufenden periodischen Änderung des Stromflusses, wobei sich freie Elektronen hin und her bewegen. Unser Energienetz wird mit Wechselstrom betrieben, da dieser, anders als Gleichstrom, leicht mit Transformatoren in andere Spannungsebenen gebracht werden kann.

Mischstrom: Der Mischstrom setzt sich aus einem Gleich- und dem Wechselstromanteil zusammen.

Er entsteht durch die Zusammensetzung eines Gleichstroms mit einem Wechselstrom, etwa dann, wenn ein gleichgerichteter Wechselstrom im Netzteil mit einem Glättungskondensator geglättet wurde.

Bauelemente

Sie haben den Spaß, wir haben die Technik.

219 Gleichrichterschaltung

Wechselstrom lässt sich leicht mit einer einfachen Gleichrichterschaltung in Gleichstrom umwandeln. Dazu werden lediglich vier Dioden benötigt, die den Strom nur in eine Richtung durchlassen. Die Schaltung bewirkt, dass beide sich abwechselnden Stromflussrichtungen an der Gleichstromseite stets auf den Pluspol (rot) geleitet werden. Der Stromrückfluss erfolgt über den Minuspol (blau). Die Grafiken zeigen den Aufbau des Gleichrichters und wie der Strom bei beiden Wechselstromzuständen fließt.

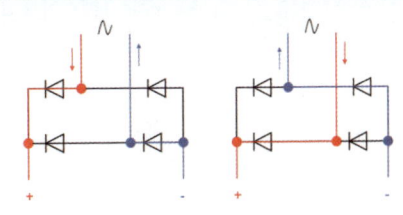

Aufbau und Wirkungsweise eines Gleichrichters.

Bauelemente

Sie haben den Spaß, wir haben die Technik.

220 Pflanzenlichtlampe

Ohne Licht kann keine Pflanze gedeihen. Vor allem kann sie in den dunklen Ecken unserer Wohnungen, also überall dort, wo Sonnenlicht Mangelware ist, nur unzureichend Fotosynthese und damit verbunden Wachstum entwickeln.

Hier sorgen Pflanzenlichtlampen für Abhilfe. Sie geben eine erhöhte Strahlung im blauen Spektralbereich ab und versorgen unsere Pflanzen exakt mit dem Licht, das sie am dringendsten benötigen.

Typische Einsatzgebiete für Pflanzenlichtlampen sind das Blumenfenster, Terrarien, Samenaustrieb und Aquarien.

Eine Pflanzenlichtlampe fördert das Wachstum von Pflanzen.

Haus & Garten

Sie haben den Spaß, wir haben die Technik.

221 Energiespartimer

Energiespartimer sind auch unter ihrem alten Namen Zeitschaltuhr bekannt. Sie sind meist Steckdosenadapter, an die ein Verbraucher anzustecken ist. Einfache Energiespartimer arbeiten mit einem mechanischen 24-Stunden-Zeitwerk. Sie erlauben das individuelle Festlegen von Einschaltzeiten in 15- oder 30-Minuten-Segmenten, die etwa durch Hineinschieben von Kontaktstiften im Zeitwerk festgelegt werden.

Modernere elektronische Modelle können einen Dämmerungssensor eingebaut haben und erlauben das Programmieren von bis zu 140 Ein/Aus-Schaltungen. Zufallsschaltungen sind mit ihnen ebenfalls möglich. Neben Tages- gibt es auch Wochenzeitschaltuhren.

Energiespartimer werden neben der Steckdosenvariante auch für die Unterputzmontage und als digitale Hutschienenzeitschaltuhren angeboten.

Haus & Garten

Sie haben den Spaß, wir haben die Technik.

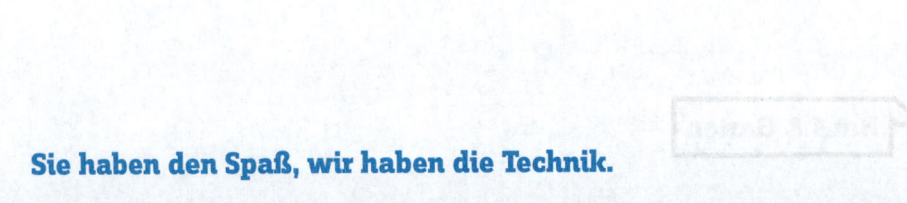

222 Rauchmelder retten Leben

Zwei Drittel aller Brandopfer werden im Schlaf überrascht. Für sie ist weniger das Feuer als die Rauchentwicklung eine ernsthafte Bedrohung – einmal weil sie die Sicht auf Fluchtwege versperrt und zum anderen weil sie zu Rauchgasvergiftungen führen kann.

Rauchmelder retten Leben. Sie schlagen rechtzeitig Alarm und geben so ausreichend Zeit, um die Gefahrenstelle zu verlassen und die Feuerwehr zu holen oder Kleinbrände selbst erfolgreich zu bekämpfen.

Besonders wirkungsvoll geschieht das mit untereinander vernetzten Rauchmeldern. Sobald einer eine erhöhte Rauchkonzentration feststellt, gibt er diesen Alarm an alle im Haus oder der Wohnung montierten Rauchmelder weiter, die dann gemeinsam Alarm schlagen. Damit werden Sie auch im ersten Stock gewarnt, wenn ein Melder im Keller oder dem Dachboden anschlägt.

Webcode: #12013

Haus & Garten

Sie haben den Spaß, wir haben die Technik.

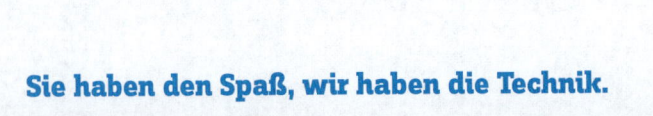

Stichwortverzeichnis

Hobby

Action- und Sportkameras für härteste Einsätze	Tipp 19/Band 1 Webcode: #11058
Digitales DJing	Tipp 91/Band 1 Webcode: #46024
Digitale Pulsuhren	Tipp 10/Band 1 Webcode: #11015
Effektgeräte motzen Sound auf	Tipp 174/Band 1 Webcode: #16056
Fernglas mit Digitalkamera	Tipp 50/Band 1
Hintergründe zu Metallsuchgeräten	Tipp 183/Band 1
Kann ein Roboterstaubsauger die Treppe hinunterfallen?	Tipp 120/Band 1
Kopflampen für mehr Sicherheit in der Nacht	Tipp 81/Band 1
LED-Fahrradbeleuchtung	Tipp 41/Band 1 Webcode: #33095
LED-Taschenlampe	Tipp 60/Band 1
Mikrofone mit Windschutz betreiben	Tipp 209/Band 1
Multifunktionswerkzeug für Hobby und Beruf	Tipp 192/Band 1 Webcode: #41027
Outdoor-Navis	Tipp 109/Band 1
PMR-Funkgeräte – Grundlagen	Tipp 122/Band 1 Webcode: #33078
Roboter saugt Wohnung	Tipp 160/Band 1
Sternstunden	Tipp 70/Band 1
Studiosound im Kleinformat	Tipp 30/Band 1
Tolle Lichteffekte für die Band oder den Partykeller	Tipp 138/Band 1 Webcode: #36046
Worauf beim Funkscanner achten?	Tipp 128/Band 1 Webcode: #35072

Auto

Autoantenne für besten Empfang	Tipp 122/Band 1
Automatten halten den Fußraum rein	Tipp 203/Band 1 Webcode: #13079
Auto-Navigeräte richtig montieren	Tipp 51/Band 1 Webcode: #35065
Autoradios werden multimedial	Tipp 11/Band 1 Webcode: #35067
Batteriefrühwarnsystem	Tipp 193/Band 1
Einparken ein Kinderspiel	Tipp 20/Band 1 Webcode: #13072
FM-Transmitter bringen MP3 ins Autoradio	Tipp 2/Band 1 Webcode: #15066
Kfz-Alarmanlagen: Diebstahlschutz und Abschreckung	Tipp 61/Band 1 Webcode: #13077
Kühlboxen halten länger frisch	Tipp 101/Band 1 Webcode: #13078
Ladegut richtig sichern	Tipp 146/Band 1 Webcode: #43008
Perfekter Halt auf der Anhängerkupplung	Tipp 82/Band 1 Webcode: #13091
Powersound durch zusätzliche Verstärkerendstufe	Tipp 32/Band 1 Webcode: #15069
Richtig Starthilfe geben	Tipp 161/Band 1
Rückfahr-Videosysteme für große Autos	Tipp 42/Band 1 Webcode: #13074
Schutz vor Mardern	Tipp 92/Band 1 Webcode: #43003
Sitzbezüge schonen	Tipp 210/Band 1 Webcode: #13081
Startschwierigkeiten vorbeugen	Tipp 184/Band 1
Tempomat nachrüsten	Tipp 71/Band 1 Webcode: #13075
USB-Geräte unterwegs im Auto laden	Tipp 139/Band 1 Webcode: #23048
Was ist OBD-2?	Tipp 154/Band 1 Webcode: #43010
Welche Sicherheitsausrüstung?	Tipp 129/Band 1 Webcode: #43004
Wo ist Warnwestenpflicht?	Tipp 110/Band 1 Webcode: #43004

Haus & Garten

Anforderungen an eine Überwachungskamera	Tipp 102/Band 1 Webcode: #32005
Dimmer-Anschlussleistung richtig ausgewählt	Tipp 22/Band 1
Dimmer auf Leuchtmittel abstimmen	Tipp 33/Band 1
Energiesparlampen dimmbar?	Tipp 52/Band 1
Energiesparlampe kontra Glühlampe	Tipp 3/Band 1
Energiespartimer	Tipp 221/Band 1
Ein indirekter Blitzschlag kann jeden treffen	Tipp 68/Band 1 Webcode: #32007
Es geht auch ohne Transformator	Tipp 113/Band 1 Webcode: #22003
Exakte Vorhersagen mit Funkwetterstationen	Tipp 194/Band 1 Webcode: #32015
Funkalarmanlage nachträglich installieren	Tipp 140/Band 1 Webcode: #42004
Funkalarmzentrale	Tipp 93/Band 1 Webcode: #42002
Funkrauchmelder	Tipp 162/Band 1 Webcode: #12012
Gestalten oder reparieren Sie Ihre eigene Uhr	Tipp 76/Band 1
Halogenlampen: eine Alternative	Tipp 43/Band 1 Webcode: #42019
Hausautomatisation schreckt Diebe ab	Tipp 127/Band 1 Webcode: #42002

Stichwortverzeichnis

Heizkosten sparen mit Funkthermostaten	Tipp 98/Band 1
Heizungssteuerung per Funk	Tipp 62/Band 1
HomeMatic über das iPhone steuern	Tipp 83/Band 1 Webcode: #42003
Intelligente Hausautomatisation	Tipp 72/Band 1 Webcode: #42002
ISDN – auch heute noch aktuell	Tipp 200/Band 1 Webcode: #45019
Problemfall: Steckdose hinter Möbeln	Tipp 57/Band 1
Schlüsselos aufsperren	Tipp 155/Band 1 Webcode: #32006
Schnurgebundene Telefone für den Notfall	Tipp 185/Band 1
Schnurlostelefonakku tauschen	Tipp 204/Band 1
Schraubsicherung oder Sicherungsautomat?	Tipp 169/Band 1 Webcode: #32037
Sparen durch richtiges Heizen	Tipp 121/Band 1
Strom sparen mit Funksteckdosen	Tipp 12/Band 1 Webcode: #32035
Überwachungskamera für jedermann	Tipp 147/Band 1 Webcode: #12032
Vorzüge von Faxgeräten	Tipp 126/Band 1 Webcode: #35070
Wasserschäden vermeiden	Tipp 130/Band 1 Webcode: #112014
Wasser sparen	Tipp 175/Band 1
Welche Nebenstellenanlage?	Tipp 211/Band 1

Bauelemente

Aderendhülsen helfen beim Zusammenklemmen	Tipp 195/Band 1
Automatisieren mit Dämmerungsschalter	Tipp 73/Band 1 Webcode: #31033
Blink-LED	Tipp 156/Band 1 Webcode: #31050
Das ohmsche Gesetz	Tipp 131/Band 1
Der Elektrolytkondensator	Tipp 63/Band 1
Der IC	Tipp 84/Band 1
Der Keramikkondensator	Tipp 53/Band 1
Die Diode	Tipp 44/Band 1
Die Leuchtdiode (LED)	Tipp 35/Band 1
Die Spule	Tipp 13/Band 1
Elektroisolierband richtig einsetzen	Tipp 212/Band 1 Webcode: #31020
Farbwechsel-LED	Tipp 163/Band 1 Webcode: #31050
Kleiner Schaden – große Wirkung	Tipp 176/Band 1 Webcode: #31038
Leistung und Arbeit	Tipp 142/Band 1
M2M revolutioniert Fernwartung und -steuerung	Tipp 124/Band 1 Webcode: #41020
Mikroskopkameras	Tipp 148/Band 1 Webcode: #11033
Raumklima mit Temperatursensor steuern	Tipp 94/Band 1
Schneefreie Sat-Schüssel dank Heizfolie	Tipp 186/Band 1
Schrumpfschlauch-Basics	Tipp 114/Band 1 Webcode: #31049
Sensoren automatisieren Arbeitsabläufe	Tipp 170/Band 1 Webcode: #31033
Transistoren richtig einbauen	Tipp 24/Band 1
Widerstands-Farbcode	Tipp 4/Band 1
Wissenswertes zu Glimmlampen	Tipp 103/Band 1 Webcode: #31032
UV-LED	Tipp 141/Band 1 Webcode: #31050

Computer & Office

32- oder 64-Bit-Prozessor?	Tipp 125/Band 1 Webcode: #36019
Ausgebaute Festplatten schnell auslesen	Tipp 104/Band 1 Webcode: #46015
Datenspeicher Speicherkarte	Tipp 132/Band 1 Webcode: #16071
DLNA	Tipp 157/Band 1 Webcode: #46025
Dias und Negative digitalisieren	Tipp 177/Band 1 Webcode: #46006
Die richtige Druckerpatrone finden	Tipp 164/Band 1 Webcode: #26002
Eigene Blu-rays brennen	Tipp 74/Band 1 Webcode: #36008
Geschwindigkeitsklassen bei Speicherkarten	Tipp 14/Band 1 Webcode: #46003
HD-Webcam	Tipp 95/Band 1 Webcode: #46004
Mehrfachnutzen von USB-Hubs	Tipp 205/Band 1
Multimedia-Festplatte	Tipp 25/Band 1 Webcode: #16066
Netzwerkfestplatten (NAS)	Tipp 45/Band 1 Webcode: #16067
Notebook-Netzteil ersetzen	Tipp 115/Band 1 Webcode: #41018
PC-Festplatte partitionieren	Tipp 5/Band 1
PC-Lautsprecher: auf Qualität achten	Tipp 196/Band 1 Webcode: #36016
PC-Lüfter schafft Betriebssicherheit	Tipp 149/Band 1

Stichwortverzeichnis

USB 3.0	Tipp 36/Band 1 Webcode: #46015	
USB-Stick: unendlich vielfältig	Tipp 54/Band 1 Webcode: #16002	
USV schützt PC	Tipp 213/Band 1	
Welchen Arbeitsspeicher?	Tipp 171/Band 1 Webcode: #36021	
Welcher Monitor für die Fotonachbearbeitung?	Tipp 85/Band 1 Webcode: #46005	
Welcher Monitor wofür?	Tipp 187/Band 1 Webcode: #46005	
Zweites Leben für die Festplatte	Tipp 64/Band 1 Webcode: #16070	

Multimedia

15.000 Radiostationen und mehr	Tipp 178/Band 1 Webcode: #15048
3-D-Fernsehen	Tipp 150/Band 1 Webcode: #45004
Analoge Tonträger digitalisieren	Tipp 86/Band 1 Webcode: #46023
Auf Digital-Sat-Empfang umstellen!	Tipp 188/Band 1
Das Ohr zur Welt	Tipp 116/Band 1 Webcode: #15049
Das richtige Kamerastativ	Tipp 46/Band 1 Webcode: #15077
Diashow am Bilderrahmen	Tipp 37/Band 1 Webcode: #15073
Digitalfotos und Filme richtig archivieren	Tipp 6/Band 1
Digitalkameras mit GPS-Empfänger	Tipp 143/Band 1 Webcode: #45002
DSLR: digitale Spiegelreflexkameras	Tipp 197/Band 1 Webcode: #25003

Filmen mit der digitalen Fotokamera?	Tipp 65/Band 1 Webcode: #15074
Filter schützen teure Optiken	Tipp 75/Band 1 Webcode: #25095
LCD- oder LED-TV?	Tipp 214/Band 1 Webcode: #45005
LNB-Typen	Tipp 133/Band 1 Webcode: #45013
Ruhige Camcorderaufnahmen	Tipp 105/Band 1
Schöne Bilder auf digitalen Bilderrahmen	Tipp 55/Band 1 Webcode: #15073
Was ist der Unterschied zwischen Kompakt- und Systemkamera?	Tipp 165/Band 1 Webcode: #45003
Welcher Sat-Schüssel-Durchmesser?	Tipp 105/Band 1
Wie viele HDMI-Eingänge sind erforderlich?	Tipp 26/Band 1 Webcode: #15106
Videokamera: auf Festplatte oder Speicherkarte aufzeichnen?	Tipp 96/Band 1 Webcode: #15074

Werkzeug

Batterietester oder einfaches Multimeter?	Tipp 78/Band 1 Webcode: #31023
Elektrowerkzeug mit Li-Ion-Akku	Tipp 189/Band 1 Webcode: #11093
Genaues Messen ohne Maßband	Tipp 198/Band 1 Webcode: #41008
Gesundheitsschäden vermeiden	Tipp 117/Band 1
Lötspitze austauschen	Tipp 27/Band 1 Webcode: #11048
Lupenleuchten für filigrane Arbeiten	Tipp 202/Band 1 Webcode: #11020
Mit Ultraschall reinigen	Tipp 206/Band 1 Webcode: #41010
Perfekter Augen- und Brillenschutz	Tipp 166/Band 1

Schutzklassen von Messgeräten	Tipp 47/Band 1 Webcode: #41016
Schützen Sie Ihr Gehör	Tipp 134/Band 1
Spannungsprüfer kontra Voltmeter?	Tipp 151/Band 1 Webcode: #31024
Stromlos löten	Tipp 56/Band 1 Webcode: #11048
Voll im Trend: Löten mit Heißluft	Tipp 106/Band 1 Webcode: #41025
Was ist ein Oszilloskop?	Tipp 180/Band 1 Webcode: #41017
Was ist in der Wand versteckt?	Tipp 16/Band 1 Webcode: #41007
Welche Heißluftdüse für welchen Einsatz?	Tipp 88/Band 1 Webcode: #41025
Welcher Lötkolben wofür?	Tipp 7/Band 1 Webcode: #31129
Welches Multimeter?	Tipp 66/Band 1 Webcode: #11036
Worin unterscheiden sich Steckschlüssel?	Tipp 97/Band 1 Webcode: #11019

Modellbau & Modellbahn

Analoge und digitale Loks: nicht mischen	Tipp 23/Band 1 Webcode: #31081
Der C-Wert bei Modellbauakkus	Tipp 89/Band 1
Digitale Eisenbahnsteuerung	Tipp 199/Band 1 Webcode: #33122
Digitale Modellbahn - faszinierende Möglichkeiten	Tipp 99/Band 1 Webcode: #33122
Flexgleise	Tipp 167/Band 1 Webcode: #23054
Landschaftsgestaltung	Tipp 190/Band 1 Webcode: #33086

Stichwortverzeichnis

Lithium-Ionen-Akku		Tipp 107/Band 1
Li-Ion-Akkus richtig pflegen		Tipp 181/Band 1
Lithium-Polymer-Akku (LiPo)		Tipp 79/Band 1
LiPo-Akku richtig pflegen		Tipp 135/Band 1
Modellbahn mit Gebäuden verschönern		Tipp 137/Band 1 Webcode: #33084
Modellbahn: Spurbezeichnungen		Tipp 39/Band 1 Webcode: #31081
Modi einer RC-Fernsteuerung		Tipp 8/Band 1
Nachspur		Tipp 172/Band 1
Negativer Sturz		Tipp 158/Band 1
Nickel-Metallhydrid-Akku		Tipp 17/Band 1
NiMH-Akkus richtig pflegen		Tipp 48/Band 1
Positiver Sturz		Tipp 207/Band 1
Profiladestationen		Tipp 118/Band 1
RC-Modell richtig in Betrieb nehmen		Tipp 28/Band 1
Stoßdämpferwirkung prüfen		Tipp 111/Band 1
Über- und untersteuerndes Fahrverhalten		Tipp 144/Band 1
Untersteuern		Tipp 34/Band 1
Vorspur		Tipp 152/Band 1
Welches Stoßdämpferöl?		Tipp 58/Band 1
Wo sind links und rechts?		Tipp 67/Band 1

Energie

230 V für unterwegs	Tipp 217/Band 1
Akkus richtig nutzen	Tipp 31/Band 1 Webcode: #31004
Akkukapazität entscheidet über Laufzeit	Tipp 182/Band 1 Webcode: #31004
Aufladbare Alkaline-Batterien	Tipp 145/Band 1
Batteriebezeichnungen	Tipp 9/Band 1 Webcode: #43013
Batterietypen	Tipp 29/Band 1 Webcode: #43013
Batterien und Akkus richtig entsorgen	Tipp 123/Band 1
Bewegungsschalter-Kenndaten	Tipp 173/Band 1
Das richtige Ladegerät	Tipp 21/Band 1 Webcode: #31008
Der richtige Ort für das Solarmodul	Tipp 77/Band 1 Webcode: #32018
Energiesparen durch bedarfsgerechtes Heizen	Tipp 136/Band 1
Heizen mit Niedrigtemperatur	Tipp 159/Band 1 Webcode: #42008
Installationszubehör für autarke Solaranlagen	Tipp 87/Band 1 Webcode: #32019
Knopfzellenakkus	Tipp 90/Band 1
Leicht installiert: Funkklingelsysteme	Tipp 119/Band 1 Webcode: #12018
Raumluftkontrolle	Tipp 80/Band 1 Webcode: #11045
Richtige Kühlschranktemperatur ermitteln	Tipp 49/Band 1
Smart-Metering	Tipp 112/Band 1 Webcode: #41030
So funktioniert eine Solarzelle	Tipp 108/Band 1 Webcode: #32018
Solar-Laderegler	Tipp 191/Band 1 Webcode: #12022
Solarstrom für das Wochenendhaus	Tipp 18/Band 1 Webcode: #42012
Stromfresser entlarven	Tipp 40/Band 1 Webcode: #32024
Strom sparen mit Master-Slave-Steckdosenleisten	Tipp 168/Band 1 Webcode: #46018
Welcher Bewegungsmelder für welches Leuchtmittel?	Tipp 153/Band 1
Welcher Solarakku?	Tipp 208/Band 1
Werkzeugakku reparieren	Tipp 69/Band 1 Webcode: #31004
Windgenerator versus Solaranlage	Tipp 201/Band 1
Woraus besteht eine Solaranlage?	Tipp 59/Band 1 Webcode: #32018
Zusätzliche Stromzähler	Tipp 100/Band 1 Webcode: #11094

Impressum

© 2011 Franzis Verlag GmbH, 85586 Poing

Autor: Thomas Riegler

Art & Design / Satz: www.ideehoch2.de

Druck: Neografia

Produziert im Auftrag der Firma Conrad Electronic SE, Klaus-Conrad-Str. 1, 92240 Hirschau

Alle Rechte vorbehalten, auch die der fotomechanischen Wiedergabe und der Speicherung in elektronischen Medien. Das Erstellen und Verbreiten von Kopien auf Papier, auf Datenträger oder im Internet, insbesondere als PDF, ist nur mit ausdrücklicher Genehmigung des Verlags gestattet und wird widrigenfalls strafrechtlich verfolgt.

Die meisten Produktbezeichnungen von Hard- und Software sowie Firmennamen und Firmenlogos, die in diesem Werk genannt werden, sind in der Regel gleichzeitig auch eingetragene Warenzeichen und sollten als solche betrachtet werden. Der Verlag folgt bei den Produktbezeichnungen im Wesentlichen den Schreibweisen der Hersteller.

Alle in diesem Buch vorgestellten Schaltungen und Programme wurden mit der größtmöglichen Sorgfalt entwickelt, geprüft und getestet. Trotzdem können Fehler im Buch und in der Software nicht vollständig ausgeschlossen werden. Verlag und Autor übernehmen für fehlerhafte Angaben und deren Folgen keine Haftung.

ISBN 978-3-645-10074-8